西北干旱地区
海绵城市建设模式探索与实践

凌云飞 孙亮 周飞祥 等 编著

中国建筑工业出版社

图书在版编目（CIP）数据

西北干旱地区海绵城市建设模式探索与实践 / 凌云飞等编著. -- 北京：中国建筑工业出版社，2025.1.
ISBN 978-7-112-30765-4

Ⅰ. TU985.24

中国国家版本馆 CIP 数据核字第 2025VC5201 号

责任编辑：石枫华
文字编辑：李鹏达
责任校对：赵　力

西北干旱地区海绵城市建设模式探索与实践
凌云飞　孙　亮　周飞祥　等　编著

*

中国建筑工业出版社出版、发行（北京海淀三里河路9号）
各地新华书店、建筑书店经销
北京光大印艺文化发展有限公司制版
临西县阅读时光印刷有限公司印刷

*

开本：787毫米×1092毫米　1/16　印张：15¼　字数：284千字
2025年4月第一版　2025年4月第一次印刷
定价：**188.00**元
ISBN 978-7-112-30765-4
(44487)

版权所有　翻印必究
如有内容及印装质量问题，请与本社读者服务中心联系
电话：(010) 58337283　　QQ：2885381756
（地址：北京海淀三里河路9号中国建筑工业出版社604室　邮政编码：100037）

本书编委会

主　　编：凌云飞　孙　亮　周飞祥
副 主 编：洪昌富　徐秋阳　马　帅　袁　芳
编　　委：张秋萍　刘景月
参编人员：（排名不分先后）
　　　　　任梅芳　林少阳　范祚文　丁大伟　罗　成
　　　　　郝月磊　李艳霞　饶丘慧　王　鑫　刘　伟
　　　　　薛重华　薛祥山　胡爱兵　黄建军　傅子铭
　　　　　陈晓东　黄建平　吴塞兵　王树林　刘　峰
　　　　　郭　聪　陈菊香　许月霞

前 言

中国快速城镇化进程中，大规模的城市开发和建设引发了一系列城市水问题。尤其是西北干旱地区，由于其独特的气候特征，城市内涝、水资源短缺、水体污染问题尤为突出。因此，探索一种适应西北干旱地区特点的城市建设模式，对于提高城市的生态韧性和人居环境质量具有重要意义。

海绵城市，作为一种新型的城市雨洪管理概念，其核心理念是模拟自然水循环过程，通过"渗、滞、蓄、净、用、排"等措施，实现雨水的自然积存、自然渗透和自然净化，促进城市生态的可持续发展。

乌鲁木齐市作为中国西北地区的重要城市，自 2021 年成为全国首批系统化全域推进海绵城市建设的示范城市以来，积极探索适应当地本底条件的建设模式，形成了特色海绵城市建设理论与实践成果。本书旨在系统地介绍乌鲁木齐市海绵城市建设的背景、理念、实践过程以及取得的成效，为其他干旱城市提供参考和借鉴。

本书共分为 5 个篇、18 章。第 1 个篇章为背景，梳理城市特征、自然本底、资源禀赋，以及因水而生的城市问题和发展需求，阐述如何以打造西北"绿洲"海绵城市典范为愿景，开展海绵城市建设的示范工作。第 2 个篇章为顶层设计，介绍海绵城市建设中的规划引领和系统方案，论述通过科学的规划和设计，保障规划先行、有效传导和实施。第 3 个篇章为体制机制，聚焦海绵城市建设中建立的组织架构、政策法规和地方标准。第 4 个篇章为项目实施，介绍海绵城市建设的总体情况，以及在水资源利用、水系治理、公园绿地、建筑小区、管控平台和创新研究方面的典型案例。第 5 个篇章为成效与经验，总结海绵城市建设的成效及经验。

本书的撰写，旨在为城市规划者、建设者、管理者以及相关领域的研究人员提供西北干旱地区海绵城市建设的理论与实践经验，为推动西北干旱地区乃至更广泛地区的城市建设和可持续发展作出贡献。

本书顺利出版，离不开各方面的关心与支持。新疆维吾尔自治区住房和城乡建设厅、乌鲁木齐市人民政府、乌鲁木齐市住房和城乡建设局对本书提出了诸多指导性意见；中国城市规划设计研究院、北京建筑大学、乌鲁木齐市海绵办的技术团队、工作人员从调研到成稿做了大量工作，在此向为本书提供资料、建议和指导的个人和机构表示诚挚感谢。

目 录

壹 背景

第1章 塞上都会 丝路名城 ································ 3

第2章 沙漠绿洲：独特的自然本底和资源禀赋 ············ 7
 2.1 山地、绿洲、荒漠三带分布 ························ 8
 2.2 干旱少雨，蒸发强烈 ································ 8
 2.3 河道分散，季节变化显著 ·························· 10

第3章 发展需求：聚焦因水而生的城市问题 ·············· 13
 3.1 绿洲生态系统功能退化 ···························· 14
 3.2 非常规水资源利用率不高 ·························· 16
 3.3 雨污冒溢问题显著 ································ 18

第4章 示范愿景：打造西北"绿洲"海绵城市典范 ········ 21
 4.1 修复区域性生态廊道，恢复绿洲系统功能 ············ 22
 4.2 进一步提升非常规水资源利用效率 ·················· 22
 4.3 排水设施补短板，消除雨污冒溢 ···················· 22
 4.4 建立健全海绵城市"规、建、管"体制机制 ·········· 22

贰 顶层设计

第5章 规划引领 ·· 25
 5.1 规划范围 ·· 26
 5.2 规划目标与指标 ···································· 26
 5.3 技术路线 ·· 28
 5.4 规划方案 ·· 29

第 6 章　系统方案 ·· 37
　　6.1　建设目标 ·· 38
　　6.2　指标体系 ·· 38
　　6.3　技术路线 ·· 39
　　6.4　工程体系 ·· 40

叁　体制机制

第 7 章　组织架构 ·· 77
　　7.1　领导小组 ·· 78
　　7.2　海绵办 ··· 78
　　7.3　领导小组成员单位 ··· 79

第 8 章　政策法规 ·· 83
　　8.1　地方性法规立法 ·· 84
　　8.2　规划建设管控制度 ··· 88
　　8.3　资金管理制度 ··· 98
　　8.4　绩效考核与奖励制度 ··· 99
　　8.5　运行维护保障制度 ··· 100

第 9 章　地方标准 ··· 103

肆　项目实施

第 10 章　总体情况 ··· 115

第 11 章　水资源利用 ·· 119
　　十七户湿地再生水净化利用枢纽工程 ··· 120

第 12 章　水系治理 ··· 127
　　12.1　水磨河生态修复项目概况 ·· 128
　　12.2　水磨河生态修复建设方案 ·· 129
　　12.3　水磨河生态修复建设成效 ·· 130

第 13 章　公园绿地 ··· 135
　　13.1　天山区延安公园 ·· 136

13.2	河马泉体育公园	140

第14章 建筑小区 147

14.1	东庭居	148
14.2	紫云台	154
14.3	灭火处住宅小区	160
14.4	测绘大队小区	168

第15章 管控平台 177

15.1	总体架构	178
15.2	系统功能	179

第16章 创新研究 191

16.1	雨雪资源利用模式	192
16.2	碳减排效益评估	202

伍 成效与经验

第17章 成效 211

17.1	城市水生态环境显著提升	212
17.2	非常规水资源利用效率显著提升	215
17.3	人居环境显著改善	218

第18章 经验 223

18.1	高位推进，构建整体联动的组织工作体系	224
18.2	因地制宜，结合本地条件明确建设重点	224
18.3	建设管理相结合，构建扎实全面的长效工作机制	230

参考文献 233

壹

背景

第 1 章

塞上都会　丝路名城

乌鲁木齐市地处天山山脉中段北麓、准噶尔盆地南缘、欧亚大陆腹地，古准噶尔蒙古语意为"优美的牧场"，是新疆维吾尔自治区首府。乌鲁木齐市现辖7区1县，有3个国家级开发区和1个综合保税区，总面积1.38万km^2，建成区545.1km^2，常住人口408.5万人，是1500km^2范围内最大的城市（图1-1）。2023年11月，中国（新疆）自由贸易试验区获国务院批准设立，为我国西北沿边地区首个自贸试验区，实施范围179.66km^2，其中乌鲁木齐片区134.6km^2。

图1-1 乌鲁木齐市全景

乌鲁木齐市具有悠久的历史。早在新石器时代就有人类在此区域繁衍生息，最早进入此地的是古姑师——车师人。西汉时是山北六国的劫国和卑陆国，东汉时是车师国的一部分，汉唐乃至元代曾派兵在此戍卫和屯垦。18世纪中叶，清朝政府大规模开发乌鲁木齐地区，农业、商业和手工业快速发展，人口大量增加，不仅"繁华富庶，甲于关外"，而且"到处歌楼到处花，塞垣此地擅京华"，文化艺术日益繁荣。唐代著名边塞诗人岑参曾在此留下"忽如一夜春风来，千树万树梨花开""戍楼西望烟尘黑，汉兵屯在轮台北"的诗句。清代政治家、文学家纪昀惊艳于新疆的自然风物，也深切体察着这里的风土人情，以在新疆的2年见闻撰写了《乌鲁木齐杂诗》《阅微草堂笔记》等作品。乌鲁木齐市人民公园中的"岚园"就是由"阅微草堂"旧址改建而成。乌鲁木齐市共发现文物点180余处，出土陶、木、刺绣等生产工具和装饰品千余件，乌拉泊古城、巩宁城、一炮成功等古遗址彰显历史底蕴，红山塔、大佛寺、文昌阁等古建筑传承百年文明，是现在人们透过历史之窗，了解乌鲁木齐市过往的必经之所。

乌鲁木齐市具有丰富的自然资源。属于典型干旱半干旱地区，山地、绿洲、荒漠三种生态系统垂直分层分布，4条主要内陆河流是纵向贯穿的重要生态廊道。分布有国家级和自治区级重点保护野生动植物84种，新疆特有植物23种，是重要的生物物种基因库。煤炭、盐等矿产资源储量较充足，太阳能及风能资源富集。其鲜明的绿洲本底铸就独具特色的自然地理风貌，南部具有冰川、森林、草原，中部城市可望见雪山，北部具有戈壁、荒漠，自然地理风光魅力无限。

乌鲁木齐市交通便捷,区位优势显著。乌鲁木齐市自古是丝绸之路上的重镇,是连通亚欧商贸与文明交流的重要枢纽。先秦时代已有商旅往来于西域与内地,与中原地区有了经济和文化联系。公元2世纪初,东汉设在西域的都护府开荒务农,开辟"丝绸之路"新北道。如今,在"一带一路"倡议下,乌鲁木齐市成为新亚欧大陆桥、中国—中亚—西亚和中巴三大经济走廊核心区的关键交汇点,连通国内国际两个13亿人口市场,是我国向西开放的重要门户枢纽。

乌鲁木齐市环境优美,多民族融合,是一座充满活力的现代都市。多年来,乌鲁木齐市坚守生态底线,先后被评为全国文明城市、国家园林城市、中国优秀旅游城市、中国十佳冰雪旅游城市。乌鲁木齐市居住人口包括汉族、维吾尔族、回族、哈萨克族、满族、蒙古族等,少数民族人口占比超过1/3,具有多元融合、包容开放的文化特质,是全国民族团结进步示范市(图1-2)。

图1-2 新疆国际大巴扎

随着历史发展的进程,乌鲁木齐市由草原牧场、边关要塞发展成为阡陌纵横、物产丰富的塞上都会(图1-3)。天山脚下的这片广袤丰腴的绿洲养育了各族儿女,凝聚了各族人民的智慧和力量,展现了历代劳动者开疆拓土、辛勤经营的奋斗精神。在新时代党的治疆方略指引下,乌鲁木齐市坚持高水平保护、高质量发展、高品质生活、高效能治理,努力建设团结和谐、繁荣富裕、文明进步、安居乐业、生态良好的新时代中国特色社会主义新疆首善之地。

图1-3 天山大峡谷

第 2 章

沙漠绿洲：独特的自然本底和资源禀赋

2.1 山地、绿洲、荒漠三带分布

乌鲁木齐市地势起伏,山地面积广大,市区三面环山,北部平原开阔,整体由东南向西北降低,呈现"山地、丘陵盆地、平原荒漠"三个梯级划分。市域最高点是东部的博格达峰,海拔5445m,最低点为北部古尔班通古特沙漠南缘的东道海子,海拔418m。全市山地面积占总面积的60%以上,平原面积不足40%。"山地-绿洲-荒漠"生态系统不断发展演变,形成了独特的自然地理格局与资源要素分布,呈现"天山绿洲连大漠,五山三沙两分田"的格局,使以水为核心的绿洲生态系统具有先天脆弱性、敏感性和不可逆性。

2.2 干旱少雨,蒸发强烈

乌鲁木齐市位于内陆,属于中温带大陆干旱气候区,降水量小,蒸发量大。1991年~2023年,年平均降水量仅308.9mm,年最大降水量401mm,年最小降水量131mm。年平均降水量大于2mm的降水场次共计37场,其中小于或等于10mm的场次占乌鲁木齐市降水场次的62%。年降水量按季节分配:春季(3~5月)占31.7%,夏季(6~8月)占30.8%,秋季(9~11月)占26.4%,冬季(12~2月)占11.1%。2022年乌鲁木齐市降水总量18.633亿 m³,折合降水量为135.1mm,与2021年相比低了30.2%;较多年平均值低了37.5%(图2-1)。

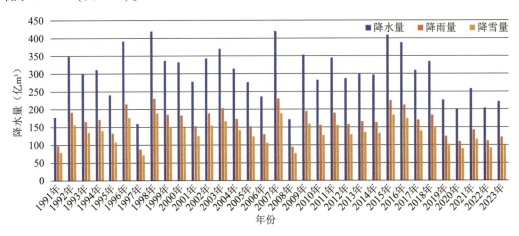

图2-1 乌鲁木齐市1991年~2023年降水量数据

根据对乌鲁木齐市降雨资料进行统计分析，乌鲁木齐市短历时强降雨大多在120min以内。因此分析短历时降雨雨型主要反映在120min的暴雨时程分布，在1年、2年、3年、5年、10年不同重现期下的120min降雨总量分别为8mm、11mm、13mm、15mm、18mm，峰值降雨强度分别为1.53mm/min、2.10mm/min、2.43mm/min、2.85mm/min、3.41mm/min。其中，0～20min降雨强度增长缓慢，20～36min降雨强度增长较快，第36min时降雨强度达到峰值，36～84min降雨强度下降较快，84～100min之后降雨强度下降较慢，100min之后降雨强度稳定在一个较小值，雨峰系数约为0.32（表2-1）。

不同重现期2h时段降雨量（mm） 表2-1

时刻	重现期				
	1年一遇	2年一遇	3年一遇	5年一遇	10年一遇
0：00	0	0	0	0	0
0：05	0.2	0.27	0.31	0.37	0.44
0：10	0.13	0.18	0.21	0.24	0.29
0：15	0.16	0.22	0.26	0.3	0.37
0：20	0.22	0.3	0.35	0.41	0.49
0：25	0.33	0.45	0.52	0.61	0.73
0：30	0.59	0.81	0.94	1.11	1.33
0：35	1.53	2.1	2.43	2.85	3.41
0：40	1.26	1.72	1.99	2.34	2.8
0：45	0.77	1.05	1.22	1.42	1.71
0：50	0.53	0.73	0.84	0.99	1.19
0：55	0.4	0.55	0.63	0.74	0.89
1：00	0.32	0.43	0.5	0.59	0.71
1：05	0.26	0.36	0.41	0.48	0.58
1：10	0.22	0.3	0.35	0.41	0.49
1：15	0.19	0.26	0.3	0.35	0.42
1：20	0.17	0.23	0.26	0.31	0.37
1：25	0.15	0.2	0.23	0.27	0.33
1：30	0.13	0.18	0.21	0.25	0.3
1：35	0.12	0.16	0.19	0.22	0.27

续表

时刻	重现期				
	1年一遇	2年一遇	3年一遇	5年一遇	10年一遇
1：40	0.11	0.15	0.17	0.2	0.25
1：45	0.1	0.14	0.16	0.19	0.23
1：50	0.09	0.13	0.15	0.17	0.21
1：55	0.09	0.12	0.14	0.16	0.2
2：00	0.08	0.11	0.13	0.15	0.18
总计	8.15	11.16	12.93	15.15	18.17

乌鲁木齐市地表蒸发强烈，多年平均蒸发量为1992.6mm。市辖区水面蒸发量在502.6～1543.3mm，年均水面蒸发量为1300mm，特点是山区少、平原大。水面蒸发量的年内变化主要受年内温度、湿度及风的影响较大。水面蒸发量冬季小、夏季大，夏季（6～8月）的蒸发量占年蒸发量的41%～56%；冬季（12～次年2月）的蒸发量仅占年蒸发量的2%～10%。

2.3 河道分散，季节变化显著

乌鲁木齐市的河流均系内陆河，河道短而分散，源于山区，以冰雪融水补给为主，水位季节变化大，散失于绿洲或平原水库中。乌鲁木齐地区共有河流40余条，分属于乌鲁木齐河、头屯河、白杨河、阿拉沟和柴窝堡湖5个水系。市中心城区有2条主要河道，和平渠和水磨河，和平渠为季节性河道，水磨河常年有水。

乌鲁木齐市地下水主要有基岩裂隙水、碎屑岩类裂隙水和松散岩类孔隙水。乌鲁木齐市地下水的补给、径流和排泄受地质条件和地理环境影响，山区地势高峻，降水充沛，是地表水的产流区，也是地下水的形成区；山区的大气降水和冰川融水沿岩石裂隙和孔隙下渗，形成基岩区分布不均匀的裂隙水和裂隙孔隙水，山区地下水沿岩石裂隙由高处向低处径流，大部分于深切沟谷中以泉的形式进行排泄并汇入地表河流，在山前地带河水又大量下渗，成为盆地或平原地下水的重要补给来源，另一部分山区地下水则以河谷潜流和侧向排泄的方式直接补给与其接触的盆地或平原地下水。

乌鲁木齐市是典型的资源型缺水城市，地下水超采问题较为突出。为保障城市生产、生活用水，在加大地表水开发利用的同时大量开采地下水，致使乌鲁木齐河河谷、北部倾斜平原及柴窝堡地区现已成为地下水严重超采区。由于过量开采地下水，全市天然草场、林地一半以上面积出现不同程度退化。为切实保护地下水资源，提高用水水质，确保用水安全，近几年来，乌鲁木齐市正逐步缩减地下水供水规模。

第 3 章

发展需求：聚焦因水而生的城市问题

2021年6月，乌鲁木齐市成为国家第一批系统化全域推进海绵城市建设示范城市，开启新时代背景下系统治水的新篇章。在此之前，乌鲁木齐市主要存在三大特点和问题。

3.1 绿洲生态系统功能退化

3.1.1 河流廊道生态功能受损

乌鲁木齐市地势南高北低，自然水系由南部山区经过城市流向北部，由于水量较少，虽然防洪体系已基本完成，水系已基本贯通，但由于上游乌拉泊水库主要用于保障城市供水，无多余水量向下游渠系下泄，致使大部分渠道无水可流，主城区现状河道和渠道大多处于干涸状态，周边建筑挤占河道空间，河流廊道功能严重受损。

受人类活动和湿地过度开发利用的影响，乌鲁木齐市的湿地资源受到了严重破坏，直接造成了乌鲁木齐市天然湿地面积萎缩、湿地功能退化、生物多样性锐减，从而导致局部地域出现生态环境恶化现象，如风蚀加重、土壤局部荒漠化、盐渍化、水土流失加重、旱灾次数增多等。

3.1.2 人居环境亟待提升

受用地等条件影响，城市公共绿地主要分布于城市周边区域，与市民日常生活相关的公共蓝绿空间在中心城区内分布较不均匀（图3-1）。由于水资源不足，主城区多数渠道处于干涸状态，绿化灌溉用水短缺使得城市绿化覆盖率较低。

乌鲁木齐市的老旧小区由于建立时间较长，普遍存在建筑老化、设施陈旧等问题。建筑外墙管线纵横，影响了建筑整体的美观。由于建成年代已久，老旧小区在建设过程中，并没有绿地规划的概念，所以很多小区绿化形式单一，绿植稀疏，甚至为了节省空间而没有绿化规划。还有一些小区为增加停车位，大量占用绿化面积，这些现象都影响了小区居民的生活质量，不利于人居环境的提升。尤其是商品房老旧小区的公共绿地侵占情况较多，绿化缺乏养护，小区特色缺失，公共活动空间品质不高，设施陈旧；单位大院型老旧小区一般绿化风貌较佳，养护管理到位，小区环境较好，公共活动空间规模和位置都较好，但小区风貌有待统一和提升（图3-2）。

第3章 发展需求：聚焦因水而生的城市问题

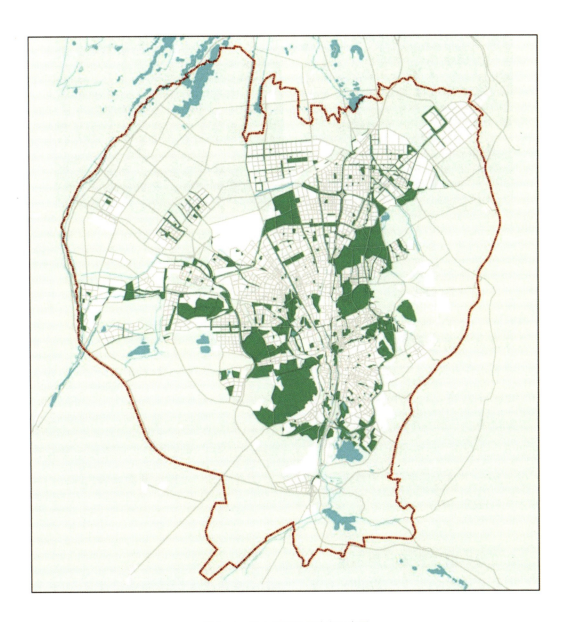

图3-1 中心城区绿地分布示意图

图 3-2 乌鲁木齐市老旧小区现状条件

3.2 非常规水资源利用率不高

3.2.1 再生水资源开发潜力较大

乌鲁木齐市人均占有水资源量不足 280m³，仅为新疆（4000m³）的十四分之一，为全国（2000m³）的 1/7，是我国严重的资源型缺水城市。

2021 年，乌鲁木齐市再生水利用量 0.97 亿 m³，再生水利用率为 36.8%，再生水资源未得到充分利用。根据 2021 年全市绿化用水数据统计表，各区（县）绿化用水量合计 1.68 亿 m³，其中，再生水利用量仅为 0.258 亿 m³，占比达 15.33%，再生水替代绿化用自来水比例较低（图 3-3）。

3.2.2 雨雪资源利用不足

乌鲁木齐市具有较为丰富的雪水资源，年均降雪量约占降水量的 45%。目前，在积雪清运方面，乌鲁木齐市采用二级转运体系，将积雪就近清运堆积在空地上，大量积雪没有得到有效利用（图 3-4）。此外，大量使用融雪剂导致雪水遭到污染，不能直接回用。

乌鲁木齐市降雨场次少且降雨量小，年平均降水量为 308.9mm（降雨量为 169.6mm），远低于全国平均年降水量的 630mm（不到 30%），且大部分场次降雨量在 10mm 以下，降雨场次少且降雨量小是制约雨水利用的关键因素。

第3章 发展需求：聚焦因水而生的城市问题

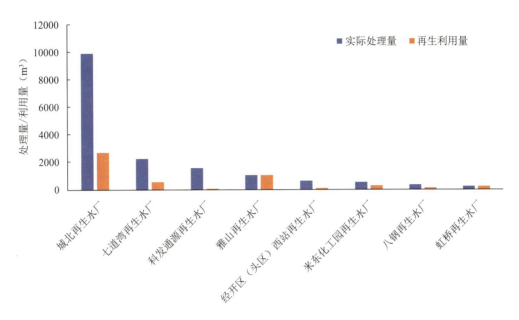

图 3-3 中心城区再生水厂运行情况

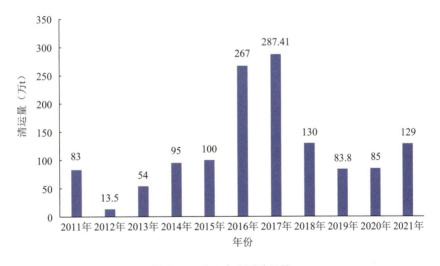

图 3-4 近10年积雪清运量

城市降雪量占城市降水量的50%以上，但由于缺乏雪水利用的经验，大量的积雪被当作垃圾铲除处理，造成了雪水资源的浪费。且乌鲁木齐市内未建设雨、雪水利用设施或融雪站，又缺乏雨、雪水利用相关规划，雨、雪水资源几乎被忽视。

冬季融雪剂使用问题及目前积雪处置模式，也导致乌鲁木齐市雪水利用存在以下难点：一是乌鲁木齐市冬季还有部分道路使用融雪剂，积雪资源由于融雪水质较差的原因，不能被利用；二是乌鲁木齐市目前积雪清理采用二级转运体系，首先将积雪清运到区级堆

17

雪场，然后再将积雪清运到市级较大的堆雪场。这些积雪堆放场多位于城市空地，当气温升高时，积雪融化，入渗地下，雪水资源不能有效回用。

3.3 雨污冒溢问题显著

乌鲁木齐市现状排水体制较为复杂，大部分区域没有完整的雨水系统，老城区绝大多数为合流制（图3-5）；现状雨水管线主要分布在一些城市主干道上，但规模较小，且不成系统。因雨水系统不完善，多数雨水管道在管网末端又接入了污水系统。

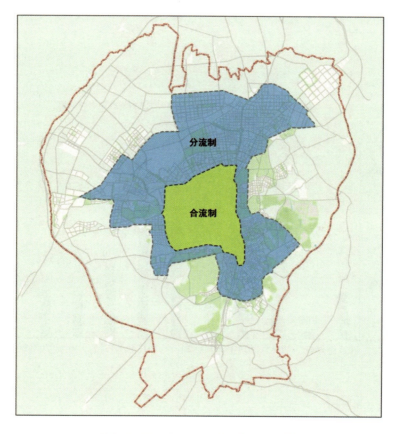

图3-5 乌鲁木齐市排水体制分布示意图

乌鲁木齐市地势起伏，道路坡度较大，加上排水管网建设标准较低、庭院雨污分流不彻底等因素，导致降雨时容易发生合流管井冒溢现象，严重影响居民出行安全和城市环境。经排查，海绵城市建设前市中心城区存在雨污冒溢点27处，冒溢情况严重（图3-6、图3-7）。

第3章 发展需求：聚焦因水而生的城市问题

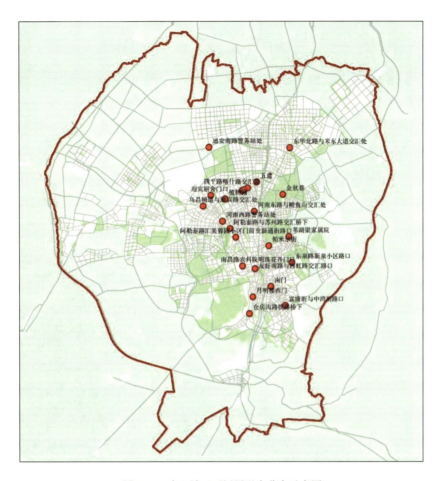

图 3-6 中心城区雨污冒溢点分布示意图

图 3-7 降雨后冒溢情况

第 4 章

示范愿景：打造西北"绿洲"
　　　　海绵城市典范

基于三大特点和问题，乌鲁木齐市因地制宜明确了"聚焦雨、雪水导致的城市水安全问题，以非常规水资源利用效率提升为重点，系统推进河流廊道生态修复和长效机制建立"的总体思路，通过3年示范建设，切实提升城市防洪排涝能力，改善城市生态环境，打造西北"绿洲"海绵城市典范，并实现四大目标。

4.1 修复区域性生态廊道，恢复绿洲系统功能

和平渠、水磨河是贯穿乌鲁木齐中心城区的两条重要河流廊道，承载着调节城市水生态系统、改善城市景观风貌的重要功能。乌鲁木齐市通过落实海绵城市理念，修复河流廊道，改善水生态环境，传承水文化；结合绿地系统建设、老旧小区改造、新建小区海绵建设，通过源头雨、雪水滞渗措施，提升城市生态服务功能，改善城市人居环境，实现人水和谐、水城相容。

4.2 进一步提升非常规水资源利用效率

针对水资源短缺的现状，乌鲁木齐市通过完善再生水厂（站）、配套管网建设，构建中心城区再生水"生产、净化、存储、利用"的大循环系统；开展特色专题研究，因地制宜探索雨、雪水资源利用模式，通过海绵城市建设进一步提升水资源利用效率。

4.3 排水设施补短板，消除雨污冒溢

由于地势特点和管网建设短板导致的雨污冒溢问题是乌鲁木齐市城市排水系统的特有问题。遭遇强降雨时，雨污合流污水沿路漫流，严重影响居民出行安全和城市环境。通过海绵城市建设，补齐排水设施短板，通过"源头减排+管网改造"的技术措施对现状冒溢点进行系统治理，解决群众的操心事、烦心事。

4.4 建立健全海绵城市"规、建、管"体制机制

乌鲁木齐市海绵城市建设起步较晚，在示范城市建设前没有出台相关的地方性法规和技术标准，"规、建、管"相关制度尚不完善。乌鲁木齐市的海绵城市建设在推动重点项目落地的同时，同步建立"规划引领、制度完善、机制健全、措施适宜"的管理体系，真正实现海绵城市理念的全域落实。

顶层设计

第 5 章

规划引领

为统筹推进全市海绵城市系统化建设工作，乌鲁木齐市编制了《乌鲁木齐市海绵城市专项规划（2022-2035 年）》，根据国家和新疆维吾尔自治区相关要求，结合乌鲁木齐市本底条件，确定海绵城市建设的总体目标、指标体系及具体指标值；根据现状问题与需求，结合系统化全域推进海绵城市建设的要求，制定乌鲁木齐市海绵城市规划策略及实施路径。

5.1 规划范围

范围为乌鲁木齐市市域范围，即乌鲁木齐市行政辖区，包括天山区、沙依巴克区、水磨沟区、高新技术开发区（新市区）、经济技术开发区（头屯河区）、米东区、达坂城区和乌鲁木齐县，总面积约 13787.9km^2。重点研究范围为中心城区，总面积约 1883.1km^2。规划期限为 2022 年～2035 年，其中规划近期至 2025 年，规划远期至 2035 年。

5.2 规划目标与指标

通过海绵城市建设，综合采取"渗、滞、蓄、净、用、排"等措施，最大限度减少城市开发建设对生态环境的影响，最终实现"小雨不积水、大雨不内涝、水体不黑臭、热岛有缓解"的总体目标。具体规划建设"四个海绵城市"：

（1）生态海绵城市：自然海绵体得到有效保护，助力建设天山绿洲生态园林城市。

（2）宜居海绵城市：充分挖掘非常规水资源利用潜力，水资源短缺现象得到缓解；水环境质量逐步改善，人居环境品质有效提升。

（3）弹性海绵城市：防洪系统逐步完善，城市水安全有效保障。

（4）全域海绵城市：系统化全域推进海绵城市建设，至规划末期城市建成区基本达到海绵城市建设要求。

至 2025 年，提高非常规水资源利用比例，水资源短缺现象进一步缓解；排水管网进一步完善，现状冒溢点完全消除；防洪体系构建基本完成，防洪能力有效提升；城市建成区 50% 以上的面积达到海绵城市建设要求，建设成为"一带一路"绿洲地区海绵城市示范城市。

至 2035 年，防洪排涝系统进一步完善，达到城市防洪及内涝防治标准；城市建成区基本达到海绵城市建设要求，生态系统与自然水文循环有效恢复。

根据国家、自治区相关要求，结合乌鲁木齐市本底条件构建海绵城市指标体系，分为 6 大类，共 16 项指标（表 5-1）。

乌鲁木齐市海绵城市建设指标一览表　　　　　　　　表 5-1

类别	序号	指标	2021 年本底值	目标 近期（2025 年）	目标 远期（2035 年）	属性	适用范围
水资源	1	污水再生利用率	36.8%	60%	65%	约束性	市域
水资源	2	雨、雪水资源利用量	141.7 万 t/年	350 万 t/年	400 万 t/年	引导性	市域
水环境	3	国控、省控断面水质达标率	82.4%	100%	100%	约束性	市域
水生态	4	年径流总量控制率	20%面积达到85%	50%面积达到85%	95%面积达到85%	约束性	中心城区建成区
水生态	5	可透水地面面积比例	37.4%	42%	45%	引导性	中心城区
水生态	6	生态岸线比例	36.8%	除必要的防洪岸线外，新建、改建、扩建城市水体的生态岸线比例不低于70%		引导性	市域
水生态	7	蓝线划定比例	47.8%	位于河湖长制名录中的河道、湖泊，以及全市所有水库的蓝线划定比例达到100%		约束性	市域
水安全	8	冒溢点消除情况	存在 28 个冒溢点	现状冒溢点全面消除	新增的冒溢点在冒溢发生后 2 年内消除	约束性	市域
水安全	9	雨水管渠设计标准	大多在 2 年一遇或以下	中心城区：地下通道和下沉式广场采用 30 年一遇，政府部门、学校、医院及其他大型公共建筑 5 年一遇，其他地区采用 3 年一遇；甘泉堡、达坂城区、乌鲁木齐县：2 年一遇		约束性	市域
水安全	10	城市内涝防治标准	—	中心城区、甘泉堡：50 年一遇（65.2mm/24h）；达坂城区、乌鲁木齐县：30 年一遇（60.2mm/24h）		约束性	市域
水安全	11	城市防洪标准	中心城区：100 年一遇 其他区域：10～20 年一遇	中心城区：200 年一遇；甘泉堡：100 年一遇；达坂城区和乌鲁木齐县：50 年一遇		约束性	市域

续表

类别	序号	指标	2021年本底值	目标 近期（2025年）	目标 远期（2035年）	属性	适用范围
制度建设及执行情况	12	海绵城市规划建设管控制度	正在制订《乌鲁木齐市海绵城市建设管理条例》等相关制度文件	完成《乌鲁木齐市海绵城市建设管理条例》立法工作并严格执行	严格执行海绵城市规划建设管控制度	约束性	市域
制度建设及执行情况	13	蓝线、生态保护红线管控制度	出台了《乌鲁木齐市"三线一单"生态环境分区管控方案》	编制《乌鲁木齐市蓝线专项规划》及《乌鲁木齐市城市蓝线管理办法》；严格执行《乌鲁木齐市"三线一单"生态环境分区管控方案》	严格执行《乌鲁木齐市城市蓝线管理办法》和《乌鲁木齐市"三线一单"生态环境分区管控方案》	约束性	市域
制度建设及执行情况	14	技术规范与标准建设	制订了《乌鲁木齐市海绵城市建设工程设计文件编制深度要求（试行）》等多项技术规范	完善海绵城市相关技术规范与标准	严格执行海绵城市相关技术规范与标准	约束性	市域
制度建设及执行情况	15	绩效考核与奖励机制	出台了《乌鲁木齐市海绵城市建设绩效评价考核办法（试行）》	根据实施情况对《乌鲁木齐市海绵城市建设绩效评价考核办法（试行）》进行修订	严格执行修订后的《乌鲁木齐市海绵城市建设绩效评价考核办法》	引导性	市域
显示度	16	连片示范效应	20%的城市建成区面积达到海绵城市建设要求	50%以上的城市建成区面积达到海绵城市建设要求	95%以上城市建成区面积达到海绵城市建设要求	约束性	中心城区

5.3 技术路线

根据中心城区建设现状，通过实地踏勘、资料收集、数据分析等工作，梳理城市水资源、水环境、水生态、水安全等方面的问题与需求；结合国家、自治区及市海绵城市建设要求，以关键问题和核心目标为导向，制定近、远期建设目标和确定海绵城市规划指标体系；在区域流域层级，结合自然生态要素分析和生态敏感性分析，构建中心城区海绵城市自然生态空间、蓝绿空间格局；在城市层级，制定非常规水资源利用策略；在城市、社区层级，提出雨水综合管理利用策略。建立乌鲁木齐市海绵城市"市域—区（县）—管控分区—建设项目"指标逐级传导的规划建设管控体系，提出不同区域、不同类型项目的源头海绵城市建设指引（图5-1）。

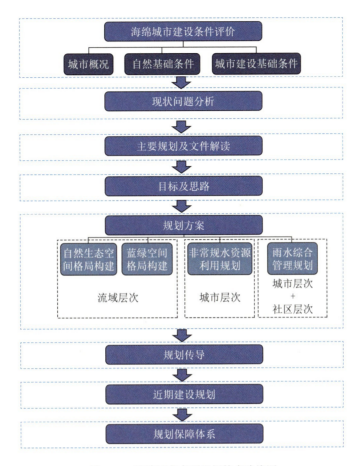

图 5-1 海绵城市专项规划技术路线图

5.4 规划方案

5.4.1 海绵城市建设管控目标确定

根据各三级排水分区生态本底（绿地、水域、农林等）、建设强度、规划建设用地等情况，分解确定乌鲁木齐市中心城区三级排水分区海绵城市管控目标。分解确定原则如下：

（1）农林用地比例、绿地率高的地区，雨水自然入渗和滞蓄能力相对较强，且建设下沉式绿地、植被草沟的条件较好；反之则雨水自然入渗和滞蓄能力较弱，没有太多空间建设下沉式绿地、植被草沟等海绵设施。

（2）水面率占比高的三级排水分区，整个区域对雨水径流的滞蓄能力较强，可在源头控制能达到的目标基础上适当提高目标值。

（3）建设强度低的三级排水分区，其对下垫面的改变程度较大，雨水入渗、滞蓄能力较低，反之则雨水入渗、滞蓄能力较强。

（4）老旧小区多的三级排水分区，其下垫面改造难度较大，雨水入渗、滞蓄能力较低，可在源头控制能达到的目标基础上适当降低目标值。

5.4.2 控制性详细规划单元海绵城市建设管控目标分解

各控制性详细规划单元的海绵城市管控指标为年径流总量控制率。按照乌鲁木齐市中心城区排水分区海绵城市管控目标确定方法，分解并确定各控制性详细规划单元的年径流总量控制率管控目标（图5-2）。

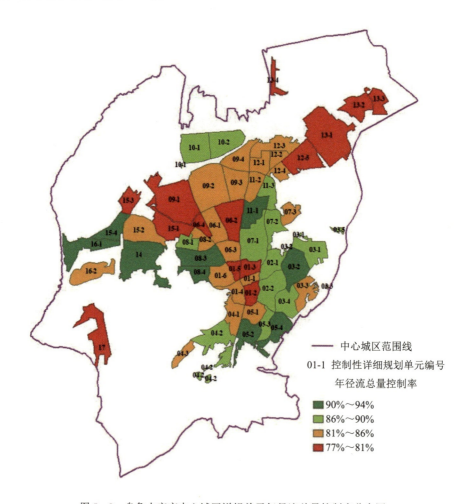

图5-2 乌鲁木齐市中心城区详规单元年径流总量控制率分布图

5.4.3 海绵生态空间格局

顺应新疆"三山两盆"生态空间分布,基于乌鲁木齐"天山绿洲连大漠、五山三沙分两田"的区域生态格局,规划全市形成以山体为屏,以水系为脉,以湖库为斑的"一屏一带,多廊多点"生态保护格局,保护区域冰川、雪山、森林、草原、戈壁、湖泊及河流等绿洲生态要素,重点加强水源涵养、水土保持、防风固沙和生物多样性保护。

5.4.4 非常规水资源利用规划

非常规水资源利用效率提升是乌鲁木齐市海绵城市建设的重要内容之一,主要包括再生水资源和雨、雪水资源利用。

1. 强化再生水冬储夏用

规划改造九家湾水库、九道湾水库、葛家沟水库、康普水库、大草滩水库、石化污水库6座现状水库作为再生水储水库,新建二道沟水库、东部山体水库、王家沟储水库3座再生水储水库。利用石人子沟蓄水池5座现状蓄水池,并新建蜘蛛山蓄水池、骑马山蓄水池、秋实路蓄水池、大东沟蓄水池、米东工业园蓄水池、米东工业园东区蓄水池、白鸟湖蓄水池、两河片区蓄水池、八钢再生水厂蓄水池等9座蓄水池,储存冬季富余再生水资源。

2. 再生水深度处理

为进一步提升景观环境用水水质,规划对再生水厂出水进行深度处理,深度处理设施采用人工湿地的形式,通过湿地对再生水厂出水进行深度净化后再回补至河道。

规划利用现状十七户湿地对扬水工程再生水进行净化;改建六十户乡湿地对城北新区、经济开发区西站再生水厂出水进行净化;新建七道湾湿地、米东再生水厂湿地分别对七道湾再生水厂、米东再生水厂出水进行净化。结合河道补水水源,共规划4处人工湿地,湿地占地面积约957hm^2,其中规划新、改建人工湿地面积90hm^2,处理总规模为22万 m^3/d(表5-2)。

人工湿地规划表　　　　　　　　　　　　　　　表5-2

序号	补水对象	补水水源	人工湿地规划(净化处理)		
			名称	规划	占地面积(hm^2)	处理规模(m^3/d)
1	和平渠	城北再生水厂、河西再生水厂扩建扬水工程	十七户湿地	现状	74	10
2	二道湾排洪渠					
3	沙河子冲沟	经济开发区西站再生水厂	六十户乡湿地	局部改建	838(规划人工湿地面积45hm^2)	6
4	六十户乡湿地	城北新区再生水厂				

续表

序号	补水对象	补水水源	人工湿地规划（净化处理）			
			名称	规划	占地面积（hm²）	处理规模（m³/d）
5	八道湾河	七道湾再生水厂	七道湾湿地	新建	22.5	3
6	碱沟	七道湾再生水厂				
7	芦草沟	七道湾再生水厂	米东再生水厂湿地	新建	22.5	3
		米东再生水厂				
8	红沟	米东再生水厂				
9	铁厂沟河	米东化工园区再生水厂	—	—	—	—
合计			—	—	957（人工湿地面积90hm²）	22

3. 雨、雪水资源利用方向

在建筑小区、公园绿地、道路广场等源头地块类项目积极利用海绵设施推广雨、雪水的就地消纳。易滑道路、广场需禁止融雪剂使用或改用植物型融雪剂，利用道路两侧绿地蓄存、利用雪水，其余硬质铺装道路的积雪可收集表层积雪至城市积雪场、规划储雪池进行集中利用；大型公共建筑、居住小区类项目需严格落实海绵城市管控目标，建设海绵设施，创新海绵设施雨雪利用方式，加强就地消纳；公园绿地则需加强绿地雨、雪水自消纳能力，以蓄存利用；大型绿地、荒山、洼地的雨、雪水资源可直接消纳，用于补充地下水（图5-3）。

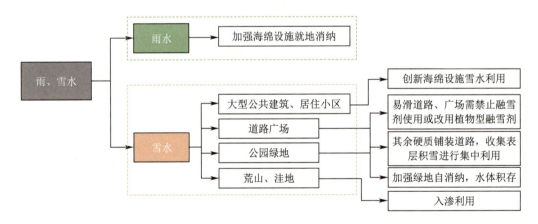

图5-3 雨、雪水资源利用方向

新建公园应合理设计公园竖向高程，将人行道及铺装雨、雪水利用坡度引入绿地进行利用。改建公园如有条件应结合微地形改造，引导场地雨水径流汇入绿地滞蓄利用。公园内绿地应尽量设置为下沉式绿地或雨水花园以积蓄雨、雪水进行就地消纳，绿地两侧道路应为坡向绿地并采用路缘石开口形式将雨、雪水引入绿地进行利用（图5-4）。

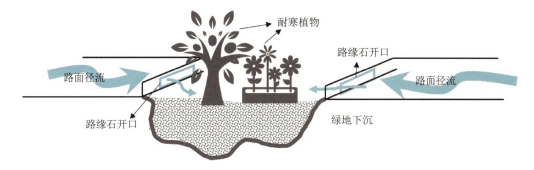

图 5-4 下沉式绿地雨、雪水利用示意图

在人行道两侧设置下沉式绿地，受纳人行道上的降雨和融雪，人行道上的雨、雪水直接用于两侧绿地。绿地内设置溢流口，与市政排水管网相连，超标雨水通过溢流口进入市政管网（图 5-5）。

建筑屋顶可设置蓝色屋顶蓄存雨水，小区内硬质开敞空间、绿地可作为冬季积雪消纳场所，雪水融化后下渗到土壤中，作为绿植生长用水（图 5-6）。

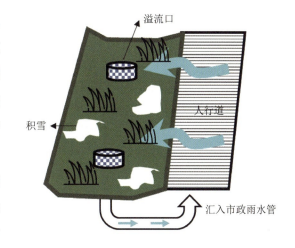

图 5-5 人行步道两侧绿地雨、雪水利用示意图

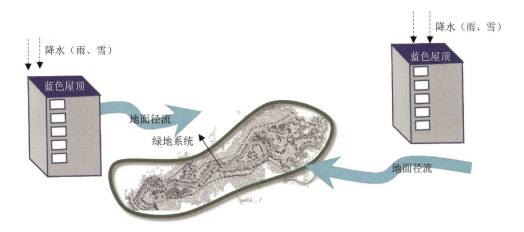

图 5-6 建筑小区屋面及绿地雨、雪水利用示意图

4. 雨、雪水集中利用方案

城市建成区雨、雪水可通过在公园、广场等有条件区域建设雨、雪水收集利用设施，将雨、雪水资源收集后进行利用，回用于绿化浇洒、道路冲洗等。规划在米东北公园、红光山公园、河马泉公园、水磨沟公园、雅山公园、鲤鱼山公园、文秀山公园、一号台地公园、大寨闸公园9处公园内建设雨、雪水收集利用设施，雨、雪水集中收集后用于公园内绿化浇洒或周边市政道路冲洗、绿地浇洒（图5-7）。

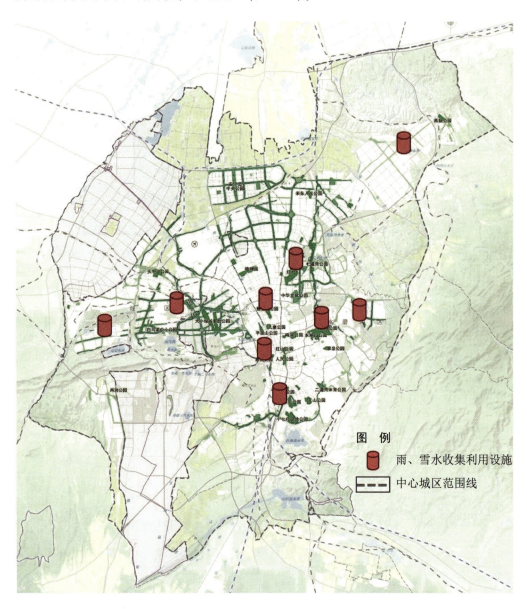

图5-7 城市建成区雨、雪水收集利用设施规划图

5.4.5 规划传导

根据《乌鲁木齐市国土空间总体规划（2020-2035年）》成果，将乌鲁木齐市中心城区划分为17个片区，并将17个片区细分为57个控制性详细规划单元（图5-8）。

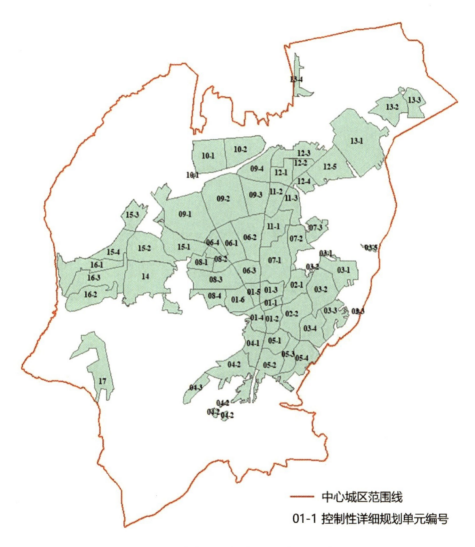

图5-8 乌鲁木齐市中心城区控制性详细规划单元划分图

第 6 章

系统方案

6.1 建设目标

通过乌鲁木齐市海绵城市示范城市建设，示范建立我国西北地区绿洲海绵城市全域推进的模式。通过修复区域性生态廊道，恢复绿洲系统功能；结合绿地系统建设、老旧小区改造、新建小区海绵建设，通过源头雨、雪水滞渗措施，提升城市生态服务功能，改善城市人居环境；通过提升再生水和雨、雪水的利用率，降低管网漏损率，提升水资源利用效率；通过重点河流防洪工程建设、山洪沟治理，构建区域防洪安全格局；通过排水管渠系统改造，彻底消除雨季冒溢点；逐步建立"制度完善、机制健全、措施适宜"的管理体系；通过特色专题研究，深入发掘绿洲海绵城市内涵，进一步提高乌鲁木齐海绵城市的影响力。

示范建设期间，乌鲁木齐市深入贯彻落实习近平总书记关于海绵城市建设的重要指示精神，因地制宜明确"聚焦雨、雪水导致的城市水安全问题，以非常规水资源利用效率提升为重点，系统推进河流廊道生态修复和长效机制建立"的总体思路，通过3年示范建设，切实提升城市防洪排涝能力，改善城市生态环境，打造西北地区绿洲海绵城市典范。

6.2 指标体系

针对乌鲁木齐市绿洲海绵城市所面临的生态功能下降、水资源短缺及城市雨污冒溢等主要问题，根据其原因，构建指标体系，寻求解决方案（表6-1）。

乌鲁木齐市海绵城市建设指标体系　　　　表6-1

具体目标	指标	建设前现状值	建设后目标值
绿洲城市生态功能提升	地表水体水质达标率	87.5%	100%
	可透水面积比例	37.4%	>40%
	天然水域面积比例	1.74%	1.8%
水资源利用效率提升	污水再生利用率	30.4%	45%
	雨雪资源利用率	—	直接利用率不低于10%，间接利用率不低于50%
城市水安全保障能力提升	城市防洪	—	提升区域防洪能力，山洪防治达到设计标准
	冒溢点个数	27	全部消除

续表

具体目标	指标	建设前现状值	建设后目标值
建立健全体制机制	完成相关立法	—	1
	出台地方标准	—	5
	建立长效机制	—	10

根据现状分析，和平渠断流及渠道硬化、水磨沟河流量减少及河道两岸被侵占，是造成乌鲁木齐市区域性生态廊道功能下降的主要原因，因此应通过河道生态廊道建设，恢复和平渠、水磨沟河区域性生态功能；对于城市内部的大型公园绿地，结合绿地建设，恢复大型公园绿地与河流廊道的生态连通关系。对于城市内部，通过公园绿地、道路小区海绵城市源头改造，采取滞渗措施，将雨水就地入渗利用，提升城市内部滞水、渗水的能力。

乌鲁木齐市水资源极其紧缺，水资源利用是示范城市建设的重点。在宏观层面，提出水资源优化配置要求；项目层面，首先是完善再生水利用系统，通过优化再生水厂布局、配套建设再生水管网，以大型再生水用户供水为主，布设再生水主干管，提升再生水利用率；其次，在城市更新、新建过程中，结合源头项目建设，以雨水资源化利用为核心，兼顾径流污染控制和人居环境提升；最后，根据乌鲁木齐市城市降雪量占降水量比例较高的特点，提出以分散利用为主、集中利用为辅的雪资源利用策略，探索雪资源的末端处理模式，打造雪资源利用的示范片区。

乌鲁木齐市城市防洪排涝安全主要面临来自南部乌鲁木齐河的区域性洪水，周边小河如水磨沟河的山洪，以及城市内部各种原因导致的冒溢点。针对乌鲁木齐河洪水的问题，结合防洪及水资源利用，同时考虑和平渠过流能力有限，重点在于充分发挥乌鲁木齐市南部水库的调节作用，提高乌鲁木齐河向各水库分洪河道的防洪能力，进而提升乌鲁木齐市整体的防洪能力；针对城市周边山洪，如水磨沟河各支流山洪防治，采取河道生态治理以及上游蓄水空间建设的方案，提升山洪治理能力；整治城市内部河道，如和平渠、水磨沟河，提升河道防洪标准，形成区域性内涝行泄通道；对于城市内部的27个冒溢点和潜在的冒溢点，则通过采取一点一策，消除设计标准下城市冒溢点。

6.3 技术路线

老城区以问题为导向，新城区以目标为导向，按照目标—具体目标—措施—工程项目的技术路线,开展乌鲁木齐市海绵城市示范城市建设。乌鲁木齐市海绵示范城市建设技术路线如图6-1所示。

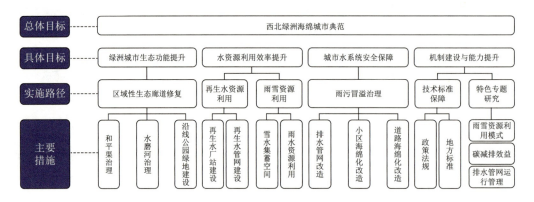

图6-1 乌鲁木齐市海绵示范城市建设技术路线

6.4 工程体系

6.4.1 流域分区

利用区域地形和水系,以最短的距离依靠重力流排入附近水体。根据高水高排、低水低排的原则,将地势较高、易排水的地段与地势低洼、易积水的地段划分为不同流域分区。结合水系分布、雨洪通道、用地布局及自然地形生态格局等要素,将规划区划分为王家沟流域、和平渠流域、河滩路排洪渠、水磨沟流域及黑沟河流域五大流域(图6-2)。

6.4.2 建设片区

结合城市竖向高程、行政区划、排水系统等要素,在流域分区的基础上进一步划定为37个建设片区。通过卫星遥感图片解析,分析各建设片区下垫面特点和主要问题,明确后续建设重点,划定海绵城市建设重点片区(表6-2、图6-3)。

(1) 1号建设片区

片区面积为15.95km²,范围为西虹西路以北,河南西路以南,北京南路以西,外环路以东。该片区建设较为集中,老旧小区较多,存在4处冒溢点,人居环境亟待改善(图6-4)。

第6章 系统方案

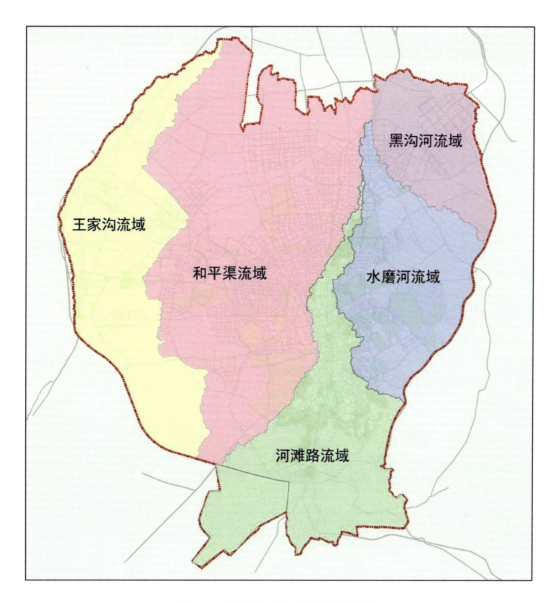

图6-2 乌鲁木齐市中心城区流域分区图

各片区现状下垫面条件 表6-2

建设片区编号	片区面积（km²）	可渗透面积（km²）	小区道路（km²）	屋面（km²）	市政道路（km²）	广场（km²）
1	15.95	1.63	1.39	7.8	5.04	0.09
2	13.71	0.72	0.88	8.09	4.01	0.01
3	18.58	2.06	3.52	8.27	4.73	0

41

续表

建设片区编号	片区面积（km²）	可渗透面积（km²）	小区道路（km²）	屋面（km²）	市政道路（km²）	广场（km²）
4	19.67	11.69	1.23	4.53	2.22	0
5	16.72	10.24	0.44	3.5	2.54	0
6	8.55	0.42	0.14	5.25	2.74	0
7	17.17	4.45	2.17	6.44	4.11	0
8	7.92	0.19	0.44	4.81	2.48	0
9	7.65	2.4	1.2	2.05	2	0
10	7.89	0.77	2.98	2.74	1.4	0
11	8.12	1.53	2.32	2.08	2.19	0
12	21.14	2.72	5.26	7.8	5.36	0
13	5.56	0.42	0.11	3.13	1.9	0
14	4.68	0.18	1.07	2.31	1.12	0
15	18.48	6.83	3.56	4.5	3.56	0.03
16	10.35	0.19	2.93	4.5	2.73	0
17	15.29	1.66	3.89	5.16	4.52	0.06
18	11	0.16	2.88	5.36	2.57	0.03
19	11.00	0	2.53	5.68	2.78	0.01
20	18.91	0.88	2.72	10.55	4.73	0.03
21	14.80	0.17	2.68	8.5	3.45	0
22	15.94	3.19	4.32	5.07	3.36	0
23	10.08	2.04	3.35	2.43	2.26	0
24	15.12	5.8	4.39	3.43	1.5	0
25	7.60	2.9	1.12	2.57	1.01	0
26	16.98	1.86	3.68	9.46	1.98	0
27	29.84	6.61	4.19	13.86	5.18	0
28	5.65	0.67	1.56	2.27	1.15	0
29	21.87	5.41	5.07	6.92	4.47	0
30	21.81	1.07	6.58	9.85	4.31	0
31	17.62	7.19	4.82	2.24	3.37	0
32	16.61	2.69	10.38	1.49	2.05	0
33	12.35	3.3	3.46	2.93	2.53	0.13
34	9.60	0.83	3.13	3.36	2.28	0
35	10.92	4.48	1.82	3.35	1.27	0
36	20.76	3.09	6.17	7.29	4.21	0

续表

建设片区编号	片区面积（km²）	可渗透面积（km²）	小区道路（km²）	屋面（km²）	市政道路（km²）	广场（km²）
37	16.39	6.79	4.11	2.61	2.88	0
合计	522.28	107.23	112.49	192.18	109.99	0.39

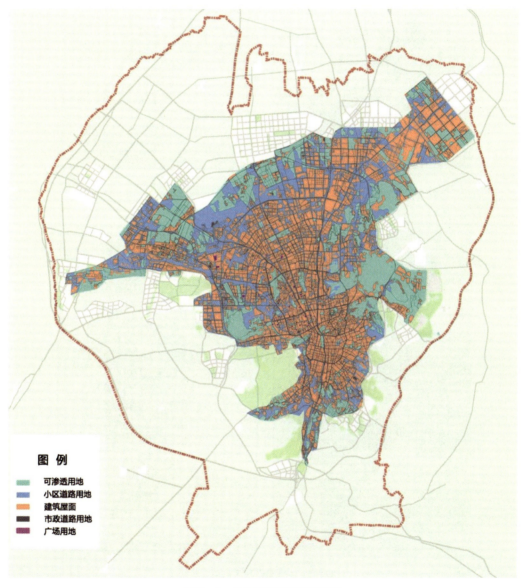

图6-3 各片区下垫面遥感解译

(2) 2号建设片区

片区面积为13.71km²，范围为西虹东路以北，河南东路以南，河滩北路以西，北京南路以东。该片区建设较为集中，老旧小区较少，存在1处冒溢点（图6-5）。

图6-4　1号建设片区用地现状

图6-5　2号建设片区用地现状

（3）3号建设片区

片区面积为18.58km²，范围为西虹东路以北，红光山路以南，外环路以西，河滩北路以东。该片区老旧小区集中，存在1处冒溢点，人居环境亟待改善。可渗透面积较大，生态本底条件较好(图6-6)。

图6-6 3号建设片区用地现状

(4) 4号建设片区

片区面积为19.67km², 范围为温泉路以北,七道湾东街以南,东三环以西,外环路以东。该片区开发强度较小,建筑以老旧小区为主,存在2处冒溢点,人居环境亟待改善。可渗透面积占比超过50%,生态本底条件较好(图6-7)。

图6-7 4号建设片区用地现状

(5) 5号建设片区

片区面积为16.72km², 范围为温泉东路以北, 龙城街以南, 秋实路以西, 东三环以东。该片区开发强度较小, 无老旧小区和冒溢点, 人居环境较好。可渗透面积占比超过60%, 生态本底条件较好（图6-8）。

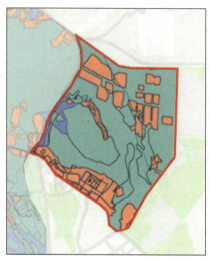

图6-8　5号建设片区用地现状

(6) 6号建设片区

片区面积为8.55km², 范围为团结路以北, 西虹东路以南, 外环路以西, 河滩路以东。该片区开发强度大, 老旧小区占比较大, 存在2处冒溢点, 人居环境亟待改善（图6-9）。

图6-9　6号建设片区用地现状

(7) 7号建设片区

片区面积为17.17km²,范围为体育馆路以北,温泉路以南,东三环以西,外环路以东。该片区开发强度适中,老旧小区较为分散,存在3处冒溢点,人居环境亟待改善。可渗透面积较大,生态本底条件相对较好（图6-10）。

图6-10　7号建设片区用地现状

(8) 8号建设片区

片区面积为7.92km²,范围为三屯碑路以北,外环路以南,大湾路以西,京新高速以东。该片区开发强度较大,老旧小区占比较大且分布集中,存在1处冒溢点,人居环境亟待改善。可渗透面积较小,生态本底条件一般（图6-11）。

图6-11　8号建设片区用地现状

(9) 9号建设片区

片区面积为7.65km²,范围为南三环以北,三屯碑路以南,延安路以西,京新高速以东。该片区开发强度低,不存在老旧小区和冒溢点,人居环境较好。可渗透面积较大,生态本底条件相对较好(图6-12)。

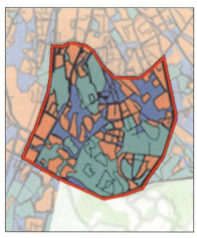

图6-12　9号建设片区用地现状

(10) 10号建设片区

片区面积为7.89km²,范围为南三环以北,东泉路以南,东三环以西,大湾北路以东。该片区开发强度低,存在少量老旧小区且较为分散,无冒溢点分布,人居环境较好(图6-13)。

图6-13　10号建设片区用地现状

(11) 11号建设片区

片区面积为8.12km², 范围为乌红线以北, 南三环以南, 逸安园-红雁池南路以西, 乌拉泊站-雅山路高管局家属院-呈信悦兰湾以东。该片区开发强度低, 不存在老旧小区和冒溢点, 人居环境较好。可渗透面积较大, 生态本底条件相对较好 (图6-14)。

 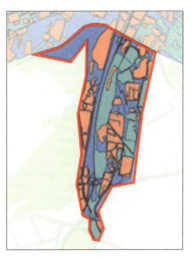

图6-14 11号建设片区用地现状

(12) 12号建设片区

片区面积为21.14km², 范围为南三环以北, 外环路以南, 京新高速以西, 妖魔山东麓 (安顺小区-雅山光明社区-尚源贝阁 (博傲幼儿园) -仓房沟南路) 以东。该片区开发强度较高, 老旧小区占比较大且相对集中, 存在2处冒溢点, 人居环境亟待改善。可渗透面积较小, 生态本底条件一般 (图6-15)。

图6-15 12号建设片区用地现状

(13) 13号建设片区

片区面积为5.56km²,范围为钱塘江路以北,西虹路以南,河滩路以西,外环路以东。该片区开发强度较高,存在一定量老旧小区且相对集中,存在1处冒溢点,人居环境亟待改善。可渗透面积较小,生态本底条件一般(图6-16)。

图6-16 13号建设片区用地现状

(14) 14号建设片区

片区面积为4.68km²,范围为妖魔山北麓(西山西街南十巷-保利西山林语-雅山居)以北,西山快速路以南,雅山居-安顺小区以西,西三环以东。该片区开发强度较高,无老旧小区和冒溢点。可渗透面积较小,生态本底条件较差(图6-17)。

图6-17 14号建设片区用地现状

(15) 15号建设片区

片区面积为18.48km²,范围为西山快速路以北,万盛大街以南,西环中路以西,西三环以东。该片区开发强度适中,存在一定量老旧小区且相对集中,存在1处冒溢点,人居环境亟待改善。可渗透面积占比接近40%,生态本底条件较好(图6-18)。

图6-18 15号建设片区用地现状

(16) 16号建设片区

片区面积为10.35km²,范围为太白山街以北,祥云东街-庐山街以南,紫阳湖中路-西三环以西,融合北路-紫阳湖南路-太白山街以东。该片区开发强度较高,无老旧小区和冒溢点。可渗透面积较小,生态本底条件较差(图6-19)。

图6-19 16号建设片区用地现状

（17）17号建设片区

片区面积为15.29km²，范围为福海路以北，西环北路-卫星路-嵩山路-维泰北路-庐山街以南，西环北路以西，紫阳湖中路-西三环以东。该片区开发强度较高，无老旧小区和冒溢点。存在一定面积的可渗透用地，生态本底条件一般（图6-20）。

图6-20　17号建设片区用地现状

（18）18号建设片区

片区面积为11km²，范围为庐山街以北，机场高速以南，卫星路-嵩山街-维泰北路以西，北站三路-紫阳湖北路以东。该片区开发强度较高，无老旧小区和冒溢点。可渗透面积较小，生态本底条件较差（图6-21）。

图6-21　18号建设片区用地现状

(19) 19号建设片区

片区面积为11km², 范围为河南西路以北, 城北大道以南, 和平渠以西, 机场高速以东。该片区开发强度较高, 无老旧小区和冒溢点。可渗透面积几乎为零, 生态本底条件比较差(图6-22)。

图6-22 19号建设片区用地现状

(20) 20号建设片区

片区面积为18.91km², 范围为河南东路以北, 城北大道以南, 长春路以西, 和平渠以东。该片区开发强度较高, 有一定量老旧小区且相对集中, 存在3处冒溢点, 人居环境亟待改善。现状存在少量可渗透用地, 生态本底条件一般(图6-23)。

图6-23 20号建设片区用地现状

(21) 21号建设片区

片区面积为14.8km², 范围为河南东路以北,城北大道以南,米东南路以西,长春路以东。该片区开发强度较高,老旧小区占比较大且相对集中,存在4处冒溢点,人居环境亟待改善。可渗透面积较小,生态本底条件较差(图6-24)。

图6-24 21号建设片区用地现状

(22) 22号建设片区

片区面积为15.94km², 范围为红光山路以北,北三环以南,东华路以西,米东南路以东。该片区开发强度适中,无老旧小区分布,存在1处冒溢点。可渗透面积较大,生态本底条件较好(图6-25)。

图6-25 22号建设片区用地现状

（23）23号建设片区

片区面积为10.08km^2，范围为七道湾东街以北，北三环以南，东华路以西，北三环以东。该片区开发强度相对较低，无老旧小区和冒溢点。可渗透面积较大，生态本底条件较好（图6-26）。

 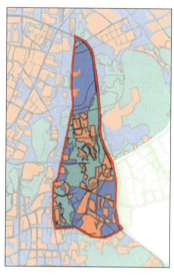

图6-26 23号建设片区用地现状

（24）24号建设片区

片区面积为15.12km^2，范围为喀什东路-人民庄子三队以北，碱沟中路以南，益民西街以西，稻香南路-北三环以东。该片区开发强度相对较低，有少量老旧小区且分布相对集中，同时存在1处冒溢点，人居环境亟待改善。可渗透面积较大，生态本底条件较好（图6-27）。

 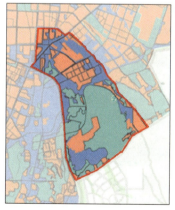

图6-27 24号建设片区用地现状

(25) 25号建设片区

片区面积为7.6km², 范围为芦草沟-小洪沟公路以北, 米东中路以南, 中兴街-博知路-中瑞街-芦草沟路-石人子沟水库公路以西, 益民西街以东。该片区开发强度相对较低, 无老旧小区和冒溢点。可渗透面积较大, 生态本底条件较好（图6-28）。

图6-28 25号建设片区用地现状

(26) 26号建设片区

片区面积为16.98km², 范围为石化线以北, 轮台西路-皇渠中路以南, 安业巷-太平路以西, 中颐路-中瑞街以东。该片区开发强度较高, 无老旧小区和冒溢点分布。可渗透面积占比相对较小, 生态本底条件一般（图6-29）。

 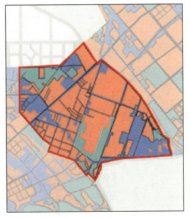

图6-29 26号建设片区用地现状

(27) 27号建设片区

片区面积为29.84km², 范围为南园南路以北, 北园北路以南, 康庄路以西, 河南庄子-东工村-县城-西二渠村公路-安业巷以东。该片区开发强度适中，无老旧小区和冒溢点分布。可渗透面积较大，生态本底条件较好（图 6-30）。

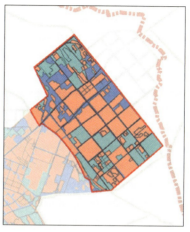

图 6-30 27 号建设片区用地现状

(28) 28 号建设片区

片区面积为 5.65km²，范围为碱沟中路以北，轮台西路以南，中颐路-米东中路以西，稻香路以东。该片区开发强度适中，有少量老旧小区，无冒溢点分布。可渗透面积占比相对较小，生态本底条件一般（图 6-31）。

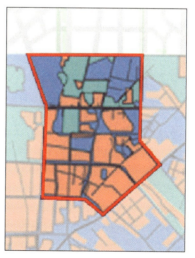

图 6-31 28 号建设片区用地现状

(29) 29 号建设片区

片区面积为 21.87km²，范围为北三环以北，北辰十街-北辰六街-轮台西路以南，稻香路以西,长春北路以东。该片区开发强度适中,无老旧小区和冒溢点分布。可渗透面积较大,生态本底条件较好(图6-32)。

图6-32　29号建设片区用地现状

(30) 30号建设片区

片区面积为21.81km^2,范围为城北主干道以北,北三环以南,米东南路以西,长春北路以东。该片区开发强度较高,存在少量老旧小区且分布相对集中,有1处冒溢点。可渗透面积占比相对较小,生态本底条件一般(图6-33)。

图6-33　30号建设片区用地现状

(31) 31号建设片区

片区面积为17.62km^2,范围为城北主干道以北,东戈壁一街以南,长春北路以西,安宁渠路以东。该片区开发强度较低,无老旧小区和冒溢点分布。可渗透面积占比超过40%,生态本底条件较好(图6-34)。

图6-34 31号建设片区用地现状

(32) 32号建设片区

片区面积为16.61km²,范围为城北主干道以北,乌奎高速以南,安宁渠路以西,机场高速以东。该片区开发强度较低,无老旧小区和冒溢点分布。可渗透面积较大,生态本底条件较好(图6-35)。

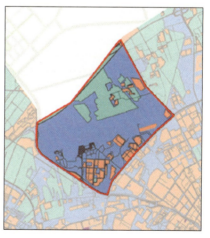

图6-35 32号建设片区用地现状

(33) 33号建设片区

片区面积为12.35km²,范围为庐山街以北,乌奎高速以南,机场高速-紫阳湖北路以西，西三环以东。该片区开发强度适中，无老旧小区和冒溢点分布。可渗透面积较大，生态本底条件较好（图6-36）。

 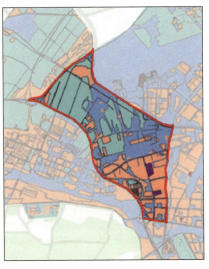

图6-36 33号建设片区用地现状

（34）34号建设片区

片区面积为9.6km^2，范围为祥云街以北，中枢北路以南，西三环以西，沟西路-金阳路以东。该片区开发强度适中，无老旧小区和冒溢点分布。可渗透面积相对较小，生态本底条件一般（图6-37）。

 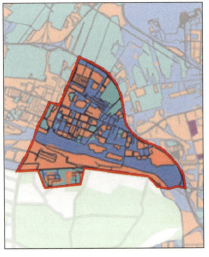

图6-37 34号建设片区用地现状

(35) 35号建设片区

片区面积为10.92km², 范围为八一钢厂-恒信阳光里小区以北, 头屯河公路-祥云西街以南, 环园路以西, 八一路以东。该片区开发强度较低, 无老旧小区和冒溢点分布。可渗透面积占比超过40%, 生态本底条件较好（图6-38）。

图6-38 35号建设片区用地现状

(36) 36号建设片区

片区面积为20.76km², 范围为祥云西街以北, 连霍高速以南, 金阳路-中枢北路以西, 头屯河公路-三坪农场总干渠-规划三路以东。该片区开发强度适中, 无老旧小区和冒溢点分布。可渗透面积相对较小, 生态本底条件一般（图6-39）。

 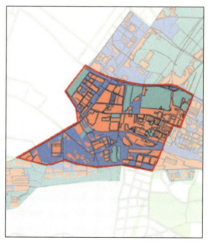

图6-39 36号建设片区用地现状

(37) 37号建设片区

片区面积为16.39km²，范围为连霍高速以北，沙坪西街-头屯河公路以南，乌昌快速路以西，金环路以东。该片区开发强度较低，无老旧小区和冒溢点分布。可渗透面积占比超过40%，生态本底条件较好（图6-40）。

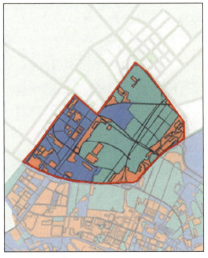

图6-40　37号建设片区用地现状

6.4.3 重点建设片区

根据下垫面分析，综合考虑各片区现状条件、水系统存在的主要问题、天然河道沟渠的分区（表6-3），结合年径流总量控制率85%的控制目标，划定1号片区～9号片区为重点建设片区（图6-41）。重点建设片区属于沙依巴克区、天山区、水磨沟区和米东区，建设用地面积约125.93km²，约占中心城区建成区面积的24.1%。

各片区现状建设条件和主要问题　　　　表6-3

建设片区	所属流域	行政区划	现状建设条件和主要问题
1号	和平渠流域	高新区、沙依巴克区	集中建设区，老旧小区较多，人居环境亟待改善；有现状4处冒溢点
2号	河滩路流域	高新区、沙依巴克区	集中建设区，人居环境亟待改善；有现状1处冒溢点
3号	河滩路流域	水磨沟区	集中建设区，老旧小区较多，人居环境亟待改善；有现状1处冒溢点
4号	水磨沟流域	水磨沟区	生态本底条件较好；有现状2处冒溢点
5号	水磨沟流域	水磨沟区	生态本底条件较好，河马泉示范区所在地

续表

建设片区	所属流域	行政区划	现状建设条件和主要问题
6号	河滩路流域	天山区	集中建设区，老旧小区较多，人居环境亟待改善；有现状2处冒溢点
7号	水磨沟流域	水磨沟区	区域北侧绿地较多，生态本底条件较好；南侧为集中建设区，老旧小区较多，人居环境亟待改善；有现状3处冒溢点
8号	河滩路流域	天山区	集中建设区，老旧小区较多，人居环境亟待改善；有现状1处冒溢点
9号	河滩路流域	天山区	绿地较多，生态本底条件较好，城区重要再生水和雨、雪水调蓄湿地——十七户湿地所在地

图6-41 海绵示范城市重点建设区

6.4.4 工程体系

（1）1号建设片区

1号建设片区共有建筑小区源头减排类项目9项，总面积54.2hm²。和平渠治理长度8.5km，包括水体清淤、岸线修复等（图6-42）。

图6-42　1号建设片区建设项目分布图

（2）2号建设片区

2号建设片区共有建筑小区源头减排类项目8项，总面积8.4hm²；市政道路海绵化改造类项目1项，总长度1.6km；和平渠治理长度7.1km，包括水体清淤、岸线修复等（图6-43）。

图6-43 2号建设片区建设项目分布图

(3) 3号建设片区

3号建设片区共有建筑小区源头减排类项目9项，总面积25.4hm²（图6-44）。

(4) 4号建设片区

4号建设片区共有建筑小区源头减排类项目5项，总面积8.4hm²；水磨河治理长度5.1km，包括水体清淤、岸线修复等（图6-45）。

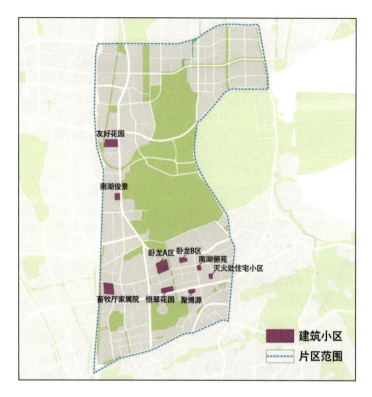

图 6-44 3号建设片区建设项目分布图

图 6-45 4号建设片区建设项目分布图

(5) 5号建设片区

5号建设片区共有建筑小区源头减排类项目6项，总面积47.1hm²；市政道路海绵化改造类项目15项，总长度20.6km；公园绿地海绵化改造类项目1项，总面积6.4hm²（图6-46）。

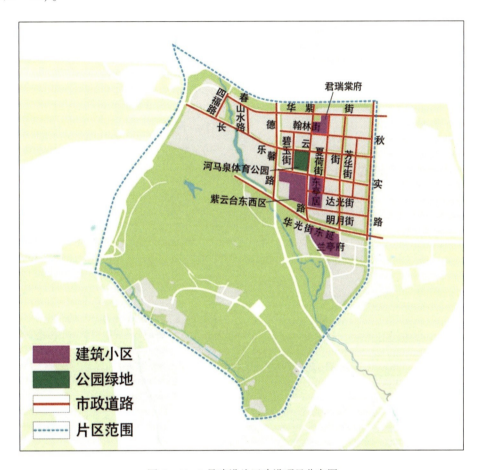

图6-46 5号建设片区建设项目分布图

(6) 6号建设片区

6号建设片区共有建筑小区源头减排类项目5项，总面积7.8hm²；和平渠治理长度3.7km，包括水体清淤、岸线修复等（图6-47）。

(7) 7号建设片区

7号建设片区共有建筑小区源头减排类项目11项，总面积21hm²；水磨河治理长度4.9km，包括水体清淤、岸线修复等；公园绿地海绵化改造类项目1项，总面积5.1hm²（图6-48）。

图6-47　6号建设片区建设项目分布图

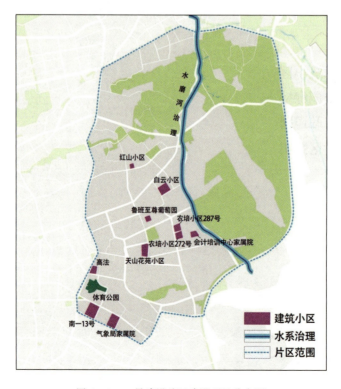

图6-48　7号建设片区建设项目分布图

(8) 8号建设片区

8号建设片区共有建筑小区源头减排类项目5项,总面积19hm^2;水磨河治理长度2km,包括水体清淤、岸线修复等;公园绿地海绵化改造类项目1项,总面积8.2hm^2;市政道路海绵化改造类项目6项,总长度4.6km(图6-49)。

图6-49 8号建设片区建设项目分布图

(9) 9号建设片区

9号建设片区共有公园绿地海绵化改造类项目1项,总面积85hm^2;市政道路海绵化改造类项目1项,总长度2.3km(图6-50)。

图6-50 9号建设片区建设项目分布图

6.4.5 集中示范区

1. 示范区区位

根据乌鲁木齐市国土空间总体规划，会展-河马泉片区是乌鲁木齐市"东进"发展的重点打造区域。2019年发布的《乌鲁木齐市河马泉新区核心区规划设计准则》也对河马泉新区的海绵城市建设提出了要求。因此，依托本次示范城市建设契机，以河马泉新区为样板，将"源头减排、过程控制、末端治理、高效利用"的技术措施进行集中展示，打造乌鲁木齐市的"海绵名片"（图6-51）。

2. 本底条件

根据河马泉片区控制性详细规划，结合现场踏勘，现状用地类型涵盖建筑小区、公共建筑、公园绿地、待开发用地、市政道路、城市水系，要素丰富，片区内主干道路两侧有

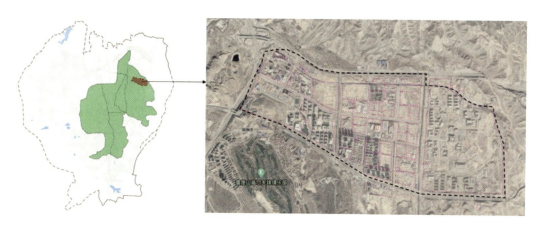

图 6-51 河马泉示范区区位图

30~50m 带状公园，具备较好的海绵城市建设本底条件。但主干道路及人行道基本已建成，建设标准较高，不宜做较大的改动（图 6-52）。

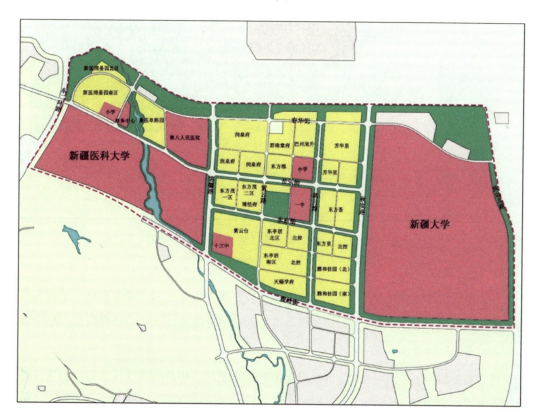

图 6-52 河马泉片区用地类型

3. 控制指标

根据《乌鲁木齐市海绵城市专项规划（2021—2035 年）》，河马泉片区年径流总量控制率目标为85%，对应设计降雨量13mm。根据用地规划布局，将片区划分为4个排水分区，分别确定年径流总量控制率目标。按照用地类型划分，绿地与广场用地年径流总量控制率范围为90%～95%；居住用地、多功能用地年径流总量控制率范围为75%～85%；商业服务用地及其他建设用地年径流总量控制率范围为85%～90%（图6-53）。

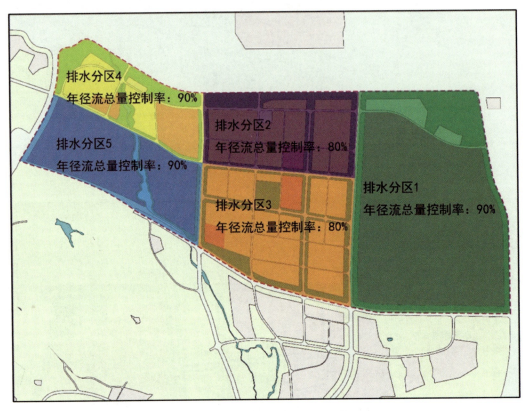

图6-53 河马泉片区各排水分区年径流总量控制率目标

4. 建设成效

乌鲁木齐市高标准打造河马泉示范区，围绕非常规水资源利用、城市水安全保障实施海绵型建筑小区、市政道路、公园绿地以及再生水管网入廊等地下空间建设项目，集中展示海绵城市建设理念（图6-54）。

建立完善的再生水利用系统，片区绿化灌溉用水全部采用再生水替代新鲜水。通过建设再生水直埋干管16.67km、入廊干管8.97km以及配套调节水池、加压泵站，充分利用现状再生水厂出水水源，再生水供应规模达到2.37万 m^3/d，用于新疆大学、新疆医科大学、公园绿地绿化灌溉，极大缓解了新鲜水用水压力。片区内德馨路（苏州路东延-观岭街）、观岭街（秋实路-德馨路）、秋实路（苏州路东延-观岭街）和长乐街（东二环路-德馨路）

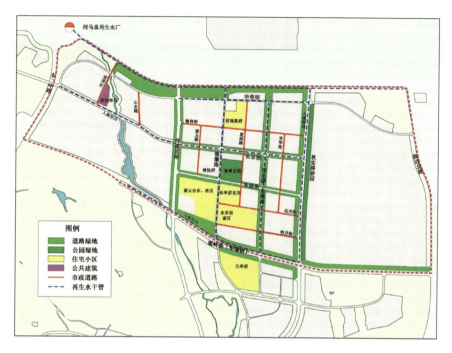

图6-54 河马泉片区海绵重点建设项目分布图

4条道路建设综合管廊,各类市政管线全部入廊,有效利用了道路下的空间,节约了城市用地,减少了道路的杆柱及各种管线的检查井、室等,降低了路面多次翻修的费用和工程管线的维修费用(图6-55)。

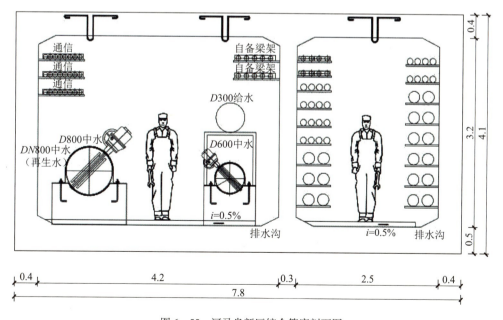

图6-55 河马泉新区综合管廊剖面图

实施6个住宅小区、1个公共建筑、8条市政道路、7个道路游园、2个公园绿地项目，形成集中连片示范效应。紫云台、东亭居等建筑小区采用适用于本地特点的绿地"微下沉"、生态旱溪、植草沟、卵石边沟等海绵技术措施，实现"小雨不积水，大雨不内涝"的目标，减少暴雨期对市政雨水管网的压力。同时利用坑塘建设雨水收集池，将雨雪径流收集后用于绿地灌溉；缤纷邻里、河马泉体育公园项目建设小型地埋式雨水收集罐，探索干旱地区雨水收集利用的经济技术可行性；碧玉路、翰林街等市政道路机动车道雨水、融雪径流通过路缘石开口汇入路侧绿化带，开口处设置卵石过滤层，将机动车道雨水径流悬浮物过滤净化后进入绿地。人行道采用透水铺装，超标雨水径流通过平缘石进入绿化带。由于河马泉新区整体地势坡度较大，绿化带每隔2.5km设置一处土埂结构，宽度20cm，起到缓冲上游来水的功能。

叁

体制机制

第 7 章

组织架构

为有效推进海绵城市示范城市建设,乌鲁木齐市于2015年2月成立了海绵城市建设工作领导小组(以下简称领导小组),下设海绵城市建设工作领导小组办公室(以下简称海绵办)。2019年、2021年依据人事变动和工作需要,及时调整领导小组成员及职责。形成了领导小组、海绵办、领导小组成员单位三个层级责任明确、分工合理的组织架构(图7-1)。此外,在海绵城市示范城市建设示范期后,乌鲁木齐市仍设置了常设机构于市住房和城乡建设局,对海绵城市建设项目进行施工图审查,以长效推进示范期后海绵城市建设。

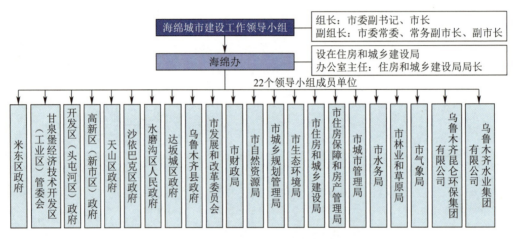

图7-1 乌鲁木齐市海绵城市建设组织架构图

7.1 领导小组

成立以市委副书记、市长为组长;市委常委、常务副市长、副市长为副组长;各区(县)人民政府、市住房和城乡建设局、市水务局、市林业和草原局等有关单位为成员的领导小组。

领导小组负责统筹部署全市海绵城市建设工作;负责全市海绵城市建设工作的督促检查、考核评价;协调解决海绵城市建设工作中的重大问题,领导小组在每季度末定期召开海绵城市建设推进会。

7.2 海绵办

海绵办设在市住房和城乡建设局,由市住房和城乡建设局局长兼任办公室主任,由市住房和城乡建设局副局长、市水务局副局长担任副主任。办公室成员由市住房和城乡建设局、市水务局、市林业和草原局、市住房保障和房产管理局等单位相关工作人员组成。

海绵办负责组织各成员单位研究拟订海绵城市相关专项规划、政策法规、项目储备、实施方案、建设计划、工作绩效考核指标和考核计划及海绵城市建设示范专项资金分配方案等；负责按照领导小组统一安排，组织开展海绵城市建设工作，协助相关成员单位推进具体项目实施；负责建立海绵城市建设工作例会制度和沟通联络制度，强化统筹调度和监督指导。

7.3 领导小组成员单位

各区（县）人民政府：按照属地管理原则，负责辖区内海绵城市建设工作。负责按照海绵城市专项规划制定本辖区海绵城市建设方案和计划，推进海绵型建筑、小区、城市道路、广场及公园绿地建设，提高排水防洪能力，加强水系保护和生态修复建设等工作；负责辖区内项目建设涉及的征地拆迁工作。

市发展和改革委员会：负责将海绵城市建设项目纳入年度政府投资计划；负责在权限范围内审批海绵城市建设各类型工程项目立项、可行性研究及初步设计。

市城乡规划管理局：负责编制和完善海绵城市专项规划；负责根据《国务院办公厅关于推进海绵城市建设的指导意见》（以下简称《意见》）和海绵城市建设技术指南，会同市水务局、市住房和城乡建设局、市林业和草原局、市住房保障和房产管理局等部门，协同构建海绵城市规划技术标准体系，并建立规划建设管控制度；负责在国土空间总体规划、海绵城市专项规划、控制性详细规划和相关专项规划中落实海绵城市的技术规范标准和相关要求；负责在建设项目规划手续办理等环节中落实海绵城市的技术规范标准和相关要求；负责海绵城市建设项目的选址、用地许可及规划方案审查工作。

市住房和城乡建设局：负责市级海绵城市道路建设工作；负责根据《意见》和海绵城市建设技术指南，编制或修编城市道路交通规划；负责在项目建设的设计、施工图审查、开工许可、施工、竣工验收等环节中落实海绵城市的技术规范标准和相关要求。

市水务局：负责编制职责范围内城市水系（供水、节水污水处理及再生利用、排水防涝、城市水体保护）规划；负责城市排水防涝设施改造；负责城市水系保护和生态修复建设；负责在水务项目建设环节中落实海绵城市的技术规范标准和相关要求；负责海绵城市建设绩效指标中涉水指标的监测、分析和报告编制。

市城市管理局：负责既有城市道路的雨水设施改造及日常维护；负责道路清雪及收集利用工作。

市林业和草原局：负责市级海绵型公园、绿地及广场建设；负责在项目建设环节中落实海绵城市的技术规范标准和相关要求。

市住房保障和房产管理局：负责将推进老旧小区改造、保障性住房建设、棚户区改造、新建小区等工作与海绵城市建设相结合，在项目建设环节中落实海绵城市的技术规范标准和相关要求。

市自然资源局：负责在建设项目用地手续办理等环节中落实海绵城市的技术规范标准和相关要求。

市财政局：根据政府投资计划，负责落实项目建设资金，将项目建设地方配套资金纳入财政预算；负责申请并拨付中央海绵城市建设示范专项补助资金；负责做好相关工作经费保障。

市生态环境局：负责地表水环境质量监测，饮用水源水质监测，启动突发环境事件应急预案；负责公开地表水水环境质量和饮用水水源地水质状况；负责水污染防控的监督管理；负责海绵城市建设绩效指标中地表水监测断面水质的监测、分析和报告编制。

市气象局：负责提供相关气象数据，建立和完善城市暴雨预报预警体系等工作机制；负责海绵城市建设绩效指标中气象指标的监测、分析和报告编制。

乌鲁木齐昆仑环保集团有限公司、乌鲁木齐水业集团有限公司：负责相关海绵城市建设项目的配套资金落实与项目实施工作，在具体业务开展中落实海绵城市的技术规范标准和相关要求；配合做好海绵城市建设绩效指标中相关指标的监测、分析和报告编制。

第 8 章

政策法规

乌鲁木齐市在海绵城市建设过程中，始终坚持立法引领、规划先行，建立健全海绵城市全流程体制机制。目前，乌鲁木齐市已制定了1部地方性法规和14个政策制度文件，涵盖规划建设管控制度、绩效考核与奖励制度、运行维护保障制度等多个方面，建立了规划引领、法律规范、技术支撑、政策保障的海绵城市建设长效机制（图8-1）。

8.1 地方性法规立法

《乌鲁木齐市海绵城市建设管理条例》（以下简称《条例》）是全市首部规范海绵城市建设管理工作的地方性法规，于2023年3月29日经新疆维吾尔自治区第十四届人民代表大会常务委员会第一次会议批准，自2023年5月1日起施行。

《条例》自颁布施行以来，在乌鲁木齐市海绵城市的规划、设计、建设、运营、维护及监督管理等各个阶段均起到了规范保障作用，是乌鲁木齐市未来长效推进海绵城市建设的制度保障。在海绵城市建设的过程中，《条例》建立健全了多部门联合监管协调机制，强化了海绵规划设计的控制要求，严格规范了海绵城市建设与管理，切实保障了海绵设施的长效运行。以《条例》为地方性法规依据，高位推动海绵城市建设，有利于乌鲁木齐市转变城市发展理念和建设方式，保障城市水安全，涵养城市水资源，修复城市水生态，改善城市水环境，打造西北绿洲海绵城市典范。

1. 转变城市发展理念和建设方式

海绵城市是指在城市建设和管理过程中，充分发挥建筑、道路、绿地、水系等系统对雨、雪水的吸纳、蓄渗、缓释和净化作用，有效控制雨、雪水径流，实现自然积存、自然渗透、自然净化的城市发展方式。建设海绵城市，有利于转变城市发展理念和建设方式，保障城市水安全，涵养城市水资源，修复城市水生态，改善城市水环境，推进生态文明建设和新型城镇化发展，满足民生之需。党中央、国务院，以及新疆维吾尔自治区党委、乌鲁木齐市委高度重视推进海绵城市建设工作，2015年国务院办公厅出台了《关于推进海绵城市建设的指导意见》，2015年乌鲁木齐市启动了海绵城市建设工作，2021年印发了《乌鲁木齐市海绵城市建设项目建设管理办法（试行）》（以下简称《管理办法》），《管理办法》的出台，有效规范了海绵城市建设项目的设计、招标施工许可、施工和验收管理工作，保障了海绵城市建设的有序推进。2015年至今，乌鲁木齐市共实施海绵城市重点建设项目53项，涵盖水系、道路、公园、建筑小区、排水管网等多种项目类型。海绵城市作为

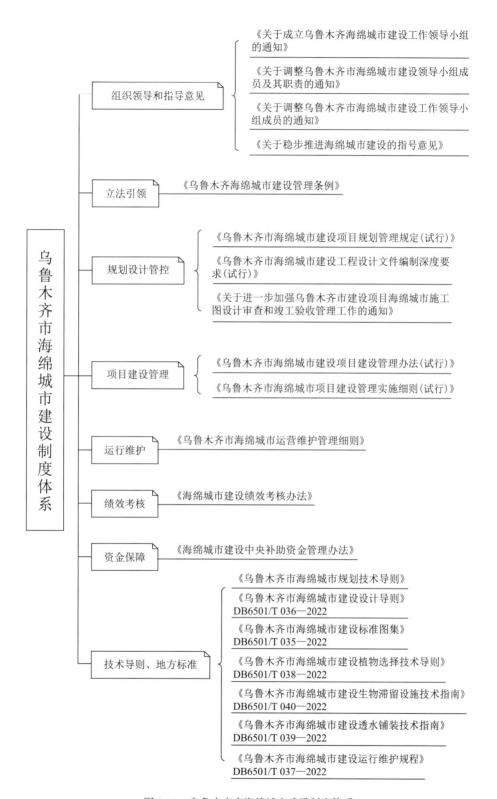

图 8-1 乌鲁木齐市海绵城市建设制度体系

一项系统工程，涉及项目类型多样、专业技术强、牵扯部门多、工作协调难度大。为进一步规范乌鲁木齐市海绵城市的规划、设计、建设、运营、维护及监督管理工作，明确海绵城市投资、规划、设计、建设、运营、维护及监督管理过程中各单位的权利和义务关系，制定《条例》极为必要。

2. 建立多部门联合监管协调机制

在海绵城市建设过程中，涉及多个建设、监管的政府部门，为做好权责划分与工作衔接，避免出现政府各部门对海绵城市建设工作权责不清的问题，《条例》进一步明确了相关政府部门和单位的管理职责和协调机制。《条例》规定市、区（县）人民政府统一领导海绵城市的建设管理工作，建立健全海绵城市建设管理评价考核机制，定期对海绵城市建设工作进行评价考核。市、区（县）建设主管部门负责海绵城市建设管理工作。其他各有关部门按照各自职责，做好海绵城市建设和管理的相关工作。

3. 强化海绵规划设计的控制要求

海绵城市作为城市发展理念和建设方式转型的重要举措，是建设生态、安全、健康、可持续的城市水循环系统的必由之路，是今后一段时期我国城市建设的重点工作。为强化海绵城市的规划和设计管控，《条例》规定市城乡规划主管部门应当会同自然资源、生态环境、住房和城乡建设、城市管理、水务、住房保障和房产管理、林业和草原、气象等部门，组织编制海绵城市专项规划，报本级人民政府批准后实施。海绵城市专项规划应当纳入国土空间总体规划。海绵城市技术指标应当纳入控制性详细规划。此外，《条例》还规定市、区（县）自然资源和城乡规划主管部门供应城市建设用地时，应当明确海绵城市建设内容和指标要求。市、区（县）发展和改革部门在建设项目的审批过程中，应当按照海绵城市建设要求进行审核。

4. 严格规范海绵城市建设与管理

海绵城市建设涉及新老城区的不同建设模式、不同类型项目的建设方式，为规范海绵城市的建设与管理，《条例》规定市、区（县）人民政府应当按照国家海绵城市建设目标以及本市海绵城市专项规划和建设技术标准对建成区进行分期分批改造。建成区雨污分流、冒溢点整治、管线入地、建筑节能、绿化硬化综合整治、停车场建设等工程应当同步进行海绵城市设计与建设。城市新建片区应当按照海绵城市建设要求进行连片建设和全过程管控，全面推广海绵型建筑与小区、道路与广场、停车场、公园绿地、水系保护与修复、地下管网和调蓄设施等工程建设，确保雨、雪水径流特征在新建开发建设前后大体一致。此外,《条例》还进一步明确了城市排水防涝系统、水体整治、建筑与小区、道路、广场和停车场、公园和绿地等多种类型项目的海绵城市建设、施工、竣工验收要求。

5. 切实保障海绵设施的长效运行

为有效发挥各类海绵设施的功能,切实保障海绵设施的长效运行,实现海绵设施运营和维护管理的规范化,《条例》规定市政道路、市政园林绿地、市政排水等基础设施项目的海绵城市设施,应当由行业主管部门或者其委托的单位进行运营维护。公共建筑、住宅小区、工业厂区等项目的海绵城市设施,由所有权人或者其委托的单位进行运营维护。运营维护单位应当建立健全维护管理制度和操作规程,保障设施完好和正常运行。市、区(县)建设主管部门应当会同城市管理、水务、林业和草原等部门加强对海绵城市设施运营维护的监督检查。

《乌鲁木齐市海绵城市建设管理条例》摘录

第一章 总则

第二条 本条例适用于本市行政区域内海绵城市规划、设计、建设、运营、维护及监督管理等活动。

第四条 海绵城市建设应当遵循生态优先、规划引领、政府引导、社会参与、因地制宜、统筹推进的原则。

第五条 市、区(县)人民政府统一领导海绵城市的建设管理工作,建立健全海绵城市建设管理评价考核机制,定期对海绵城市建设工作进行评价考核。

第六条 市、区(县)建设主管部门负责海绵城市建设管理工作。

发展和改革、水务、财政、城乡规划、自然资源、生态环境、城市管理、住房保障和房产管理、林业和草原、气象等部门按照各自职责,做好海绵城市建设和管理的相关工作。

第二章 规划和设计管理

第九条 市城乡规划主管部门应当会同自然资源、生态环境、建设、城市管理、水务、住房保障和房产管理、林业和草原、气象等部门,组织编制海绵城市专项规划,报本级人民政府批准后实施。

海绵城市专项规划应当纳入国土空间总体规划。海绵城市技术指标应当纳入控制性详细规划。

> 第十条 海绵城市规划与建设应当尊重自然地势地貌和天然沟渠，维持原自然河湖水系，明确保护与修复要求，保护自然生态空间格局。
>
> 第十一条 市、区（县）自然资源和城乡规划主管部门供应城市建设用地时，应当明确海绵城市建设内容和指标要求。
>
> 市、区（县）发展和改革部门在建设项目的审批过程中，应当按照海绵城市建设要求进行审核。
>
> 第三章 建设和质量管理
>
> 第十六条 市、区（县）人民政府应当按照国家海绵城市建设目标以及本市海绵城市专项规划和建设技术标准对建成区进行分期分批改造。建成区雨污分流、冒溢点整治、管线入地、建筑节能、绿化硬化综合整治、停车场建设等工程应当同步进行海绵城市设计与建设。
>
> 城市新建片区应当按照海绵城市建设要求进行连片建设和全过程管控，全面推广海绵型建筑与小区、道路与广场、停车场、公园绿地、水系保护与修复、地下管网和调蓄设施等工程建设，确保雨雪水径流特征在新建开发建设前后大体一致。

8.2 规划建设管控制度

8.2.1 相关政策文件

为加强海绵城市建设过程中对规划、设计、施工、验收等各个环节的规范和管理，乌鲁木齐市陆续发布了《乌鲁木齐市海绵城市建设规划管理规定（试行）》《关于印发〈乌鲁木齐市海绵城市项目建设管理实施细则（试行）〉通知》（乌政办〔2021〕51号）、《关于印发〈乌鲁木齐市人民政府关于稳步推进海绵城市建设的指导意见（试行）〉通知》（乌政发〔2021〕54号）、《关于印发〈乌鲁木齐市海绵城市建设工程设计文件编制深度要求（试行）〉的通知》《关于印发〈乌鲁木齐市海绵城市建设项目建设管理办法（试行）〉的通知》《关于进一步加强乌鲁木齐市建设项目海绵城市施工图设计审查和竣工验收管理工作的通知》等系列规划建设管控制度。

《乌鲁木齐市海绵城市建设规划管理规定（试行）》是为确保海绵城市建设有序规范

实施、强化标准执行和实施规划监督所制定的管理规定。具体包括适用范围、规划编制、规划审批及验收的相关要求。

《乌鲁木齐市海绵城市项目建设管理实施细则（试行）》为规范海绵城市建设各类建设行为颁布的实施细则，规定了海绵城市建设工作领导小组单位的职责分工、规划管理、项目前期管理、建设管理、投资管理等管理实施细则。

《乌鲁木齐市人民政府关于稳步推进海绵城市建设的指导意见（试行）》是乌鲁木齐市海绵城市示范城市建设初期，为加快海绵城市建设，结合本市实际提出的全市海绵城市建设指导意见，涵盖海绵城市建设的重要意义、指导思想、目标任务、基本原则、工程内容、主要措施和工作要求等方面。推进海绵城市建设的主要措施中，对建筑与小区、道路、城市绿地与广场、城市水系等各类型海绵项目均作出了设计、建设指引。

《乌鲁木齐市海绵城市建设工程设计文件编制深度要求（试行）》是针对各区（县）住房和城乡建设局、各勘察设计企业及施工图审查机构等有关单位发布的指导和规范乌鲁木齐市海绵城市设计文件的编制和审查的政策文件。要求中明确规定了基本审查规定、方案设计深度要求、初步设计深度要求及施工图设计深度要求，用以指导建设工程设计文件编制。

《乌鲁木齐市海绵城市建设项目建设管理办法（试行）》的出台，从设计、招标施工许可、施工、验收等全流程环节加强了海绵城市建设项目的规范管理。

《关于进一步加强乌鲁木齐市建设项目海绵城市施工图设计审查和竣工验收管理工作的通知》是为加强乌鲁木齐市建设项目海绵城市施工图设计审查和竣工验收管理工作所发布的政策文件。通知中明确规定了海绵城市建设过程中参建各方责任、施工图审查提交材料要求、施工图审查流程、施工图审查要求及结论、竣工验收材料提交要求、竣工验收流程、竣工验收要求与结论等施工图设计审查和竣工验收管理工作的具体要求。

《乌鲁木齐市海绵城市建设规划管理规定（试行）》摘录

规划编制

编制《乌鲁木齐市中心城区海绵城市专项规划》。编制规划时分析乌鲁木齐市城市发展与建设现状，剖析乌鲁木齐市海绵城市建设的主要问题，提出适合于乌鲁木齐市的海绵城市建设目标和策略；提出适合于乌鲁木齐的海绵城市建设目标和策略；提出保护河流、湖泊、湿地、坑塘、沟渠等的措施，从区域层面构建乌鲁木齐市山水林田湖格局。城市层面，统筹推进海绵城市、地下空间、城市防洪排涝设施、城市绿地等方面建设；分析乌鲁木齐市城市地质特征，合理划定控制单元，确定各控制单元的年径流控制目标及控制指标，并落实到各项建设用地指标；协调优化防洪、排涝、污水收集处理、雨水排放等基础设施规划等；合理确定道路竖向控制要求与超标雨水经历汇集系统规划；依据海绵城市验收相关要求，提出乌鲁木齐海绵城市示范区监测布点布局，对中心城区其他区域提出监测点布局要求。

规划审批

核定规划设计条件及选址审查意见阶段中明确海绵城市建设相关要求。

规划方案审批阶段：设计单位在方案设计中必须按照相关文件规定，落实海绵城市建设要求。包括项目的下沉式绿地率、透水铺装率、雨水回用率、地下空间范围线等相关海绵城市规划要求。

《乌鲁木齐市海绵城市项目建设管理实施细则（试行）》摘录

第二章 规划管理

(二) 规划管控

1. 市、区（县）城乡规划管理部门应在规划管理环节中加强对海绵城市、防洪排涝、地下空间建设的规划管控，在市、区（县）城乡规划建设管理的流程和制度中应增加海绵城市建设相关的管控要求和内容。

2. 市城乡规划管理部门在出具辖区内建设项目规划条件或审核建设项目总平面规划方案时，应增加海绵城市、地下空间、城市防洪等相关技术和规划指标要求。

第三章 项目前期管理

(一) 海绵城市重大项目库。由市海绵城市建设工作领导小组牵头制定全市海绵城市重大项目计划库，计划库应包含我市范围相关市政、房建、水利、园林及旧城改造、水环境治理等涉及海绵城市建设的相关项目或片区改造，市、区（县）发改、自然资源、建设、水务部门在制定相关建设计划时，应统筹兼顾辖区海绵城市建设项目计划；市发展改革委通过乌鲁木齐市固定资产投资项目库，将符合条件的海绵城市重大项目纳入市级重点项目库，确保海绵城市建设工作及项目开展满足国家及地方政府建设进度要求。

第四章　建设管理

（二）建设项目的设计、施工、监理、咨询等单位应在我市海绵城市建设工作中承担好各自职责，确保建设项目海绵城市建设符合国家及我市地方标准要求。

（三）由市海绵城市建设工作领导小组负责组织相关单位开展海绵城市专项验收，项目建设单位可根据项目海绵城市相关设施实际，在海绵城市、地下空间、城市防洪排涝设施施工的关键阶段或重要隐蔽工程完成后，根据项目管理归属，报市海绵城市建设工作领导小组，申请组织对其进行专项验收。

第五章　投资管理

（六）市、区（县）建设局应按照基本建设项目程序申请将海绵城市建设项目纳入年度政府投资计划；市、区（县）财政部门应统筹财力做好预算安排。

《乌鲁木齐市人民政府关于稳步推进海绵城市建设的指导意见（试行）》摘录

三、全面落实推进海绵城市建设的主要措施

（二）科学合理设计

城市建筑与小区、道路、绿地与广场、水系低影响开发雨水系统建设项目，应以相关职能主管部门、企事业单位作为责任主体，落实有关低影响开发雨雪水系统的设计。城市规划建设相关部门应在城市规划、施工图设计审查、建设项目施工、监理、竣工验收备案等管理环节，加强对海绵城市、地下空间、城市防洪排涝设施建设及河湖管理范围划定等方面要求和关键指标纳入规划建设管控建设情况的审查。适宜作为低影响开发雨雪水系统构建载体的新建、改建、扩建项目，应在园林、道路交通、排水、建筑等各专业设计方案中明确体现低影响开发雨雪水系统的设计内容，落实低影响开发控制目标。

建筑与小区设计要求

建筑屋面和小区路面雨水径流应通过有组织的汇流与传输经截污等预处理后，引入绿地内的以雨雪水渗透、储存、调节等为主要功能的低影响开发设施。因空间限制等原因不能满足控制目标的建筑与小区，雨水径流还可通过城市雨水管渠系统引入城市绿地与广场内的低影响开发设施。低影响开发设施的选择应因地制宜、经济有效、方便易行。

道路设计要求

城市道路雨水径流应通过有组织的汇流与转输，经截污等预处理后引入道路红线内、外绿地内，并通过设置在绿地内的以雨水渗透、储存、调节等为主要功能的低影响开发设施进行处理。低影响开发设施的选择应因地制宜、经济有效、方便易行。

城市绿地与广场设计要求

城市绿地、广场及周边区域雨水径流应通过有组织的汇流与传输，经截污等预处理后引入城市绿地内的雨水渗透、储存、调节等为主要功能的低影响开发设施，消纳自身及周边区域雨水径流，并衔接区域内的雨水管渠系统和超标雨水径流排放系统，提高区域积水防治能力。低影响开发设施的选择应因地制宜、经济有效、方便易行。

城市水系治理设计要求

城市水系在城市排水、防涝、防洪及改善城市生态环境中发挥着重要作用，是城市水循环中的重要环节，湿塘、雨雪水湿地等低影响开发末端调蓄设施也是城市水系的重要组成部分，同时城市水系也是超标雨水径流排放系统的重要组成部分。

城市水系治理设计应根据其功能定位、水体现状、岸线利用现状及滨水区现状等进行合理保护、利用和改造，在满足雨洪行泄等功能条件下，实现相关规划提出的低影响开发控制目标及指标要求，并与城市雨水管渠系统和超标雨水径流排放系统有效衔接。

《乌鲁木齐市海绵城市建设工程设计文件编制深度要求（试行）》摘录

2 基本审查规定

2.2 项目海绵城市建设工程设计文件的审查伴随项目本身的方案设计、初步设计、施工图设计评审过程同步进行。

3 方案设计深度要求

3.1 一般规定

3.1.1 方案设计文件由设计说明书、投资估算和设计图纸三部分组成；

3.1.2 低影响开发建设工程为配套工程时，设计文件随主体项目编制，并按本章要求完成设计说明书、投资估算和设计图纸。

4 初步设计深度要求

4.1 一般规定

4.1.1 初步设计文件由设计说明书、概算书和设计图纸三部分组成；

4.1.2 低影响开发建设工程为配套工程时，设计文件随项目主体项目编制，并按本章要求完成设计说明书、概算书和设计图纸。

5 初步设计深度要求

5.1 一般规定

5.1.1 施工图设计文件应包括设计说明和设计图纸；

5.1.2 其他专业按国家及地方现行规定执行。

《鲁木齐市海绵城市建设项目建设管理办法（试行）》摘录

第一章 总则

第二条 本市行政区域内新建、改建、扩建建设工程项目海绵城市、防洪排涝、地下空间的设计、施工图审查、招标、许可、施工、监督管理适用本办法。

第二章 设计管理

第五条 建设工程项目的方案设计、初步设计、施工图设计等设计阶段，设计单位应编制海绵城市建设设计专篇。设计单位提供的各阶段设计文件应满足《海绵城市建设技术指南（试行）》《乌鲁木齐市海绵城市建设设计导则（试行）》《乌鲁木齐市海绵城市建设技术导则（试行）》要求，并落实建设工程规划设计方案审查（批复）意见。

第三章 招标施工许可管理

第九条 新建建筑与小区海绵城市建设设施宜与建筑工程依法整体发包，单独发包的必须发包给有建筑工程施工总承包资质的单位。新建市政基础设施工程海绵城市建设设施应依法整体发包给有市政公用工程施工总承包资质的单位。

第四章 施工管理

第十一条 建设单位须按国家法律法规、部门规章及我市相关文件要求，积极组织相关责任主体按施工图审查机构审查通过的图纸进行海绵城市建设设施的施工，不得以任何理由取消施工或要求施工单位降低施工标准。

第五章 验收管理

第十六条 海绵城市、地下空间、城市防洪排涝设施建设以及河湖管理范围划定等要求应统一验收。

《关于进一步加强本市建设项目海绵城市施工图设计审查和竣工验收管理工作的通知》摘录

二、参建各方责任

建设项目海绵城市施工图由建设单位组织设计单位按照《乌鲁木齐市海绵城市建设设计导则》DB6501/T 036—2022及《乌鲁木齐市海绵城市建设标准图集》DB 6501/T 035—2022等相关标准规范进行编制，并在施工图报审时同步提交至审图机构，审图机构应按照相关标准规范进行审查。

建设项目海绵城市竣工验收由建设单位组织，验收组应由建设、勘察、设计、施工、监理、设施维护管理等单位组成，建设行政主管部门（或委托质量监督机构）对建设工程质量实施统一监督管理。

海绵城市施工图审查提交材料要求

建设单位在施工图审查环节向审查机构提交资料时，建设项目海绵城市施工图应在项目施工图报审时同步提交，并与项目施工图同步审查，若施工图需分批报审，需承诺建设项目海绵城市施工图具体报审批次，同时应按下列要求提供所需材料，并对所提供材料的真实性负责。

海绵城市施工图审查流程

施工图自审。除豁免类项目外的所有建设项目海绵城市施工图在递交审查之前，需由建设单位及设计单位联合对建设项目海绵城市施工图文件的完整性进行自审，并形成建设项目海绵城市施工图自审承诺书。

（三）施工图审查。项目建设单位应将建设项目海绵城市施工图、自审承诺书同步报送至审图机构进行审查。审查结果为通过的可出具项目审图合格证，进入项目建设后续流程。

海绵城市施工图审查要求及结论

（一）建设项目海绵城市施工图设计应落实指标要求。建设项目海绵城市设计控制指标应依据规划及国土或发改部门已出具的上阶段手续文件（一书两证，工可批复，设计方案批复等）或《乌鲁木齐市海绵城市专项规划（2022-2035年）》进行确定，并在设计成果中体现落实。

海绵城市竣工验收材料提交要求

建设项目海绵城市验收应提供以下资料：

（一）乌鲁木齐市建设项目海绵城市方案设计审查意见单。

（二）乌鲁木齐市建设项目海绵城市验收内部审查表。

海绵城市竣工验收流程

（一）建设项目海绵设施的竣工验收同主体工程同步验收，不增加验收环节。

海绵城市竣工验收要求与结论

（一）竣工验收要求。各单位应按照《建筑工程施工质量验收统一标准》GB 50300—2013等相关要求对建设项目海绵城市进行验收。

（二）竣工验收结论。建设项目海绵城市专项验收合格的，由建设单位向质量监督机构申请纳入单位工程质量竣工验收监督，并随主体工程验收合格后同步移交建设单位。验收不合格的，按规定进行整改。

8.2.2 一书两证

乌鲁木齐市通过将海绵城市建设重要指标要求明确纳入"一书两证",保障海绵城市建设规划管控要求在用地预审与选址、建设用地规划许可、建设工程规划许可三个阶段均能严格落实(图8-2～图8-4)。

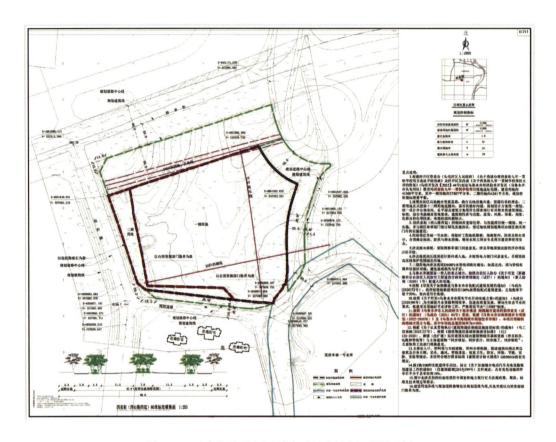

图8-2 《建设项目用地预审与选址意见书》附图示例

由市自然资源局核发的《建设项目用地预审与选址意见书》、由市城乡规划管理局核发的《建设用地规划许可证》,以及由市住房和城乡建设局核发的《建设工程规划许可证》中均依据《乌鲁木齐市海绵城市专项规划(2022-2035年)》及《乌鲁木齐市海绵城市规划技术导则》要求,明确规定项目是否需要编制海绵城市设计专篇,以及地块相应的年径流总量控制率。

乌鲁木齐市兼顾目标与问题导向,借鉴深圳等先进城市管理经验,通过"一书两证"的海绵城市建设关键要求与指标管控,将海绵城市专项规划、导则的要求落实到规划编

规　划　条　件

乌鲁木齐市自然资源局：

2022-C-XX 地块，拟定在 经开区（头屯河区）二期 （南邻 现状空地 、东邻 维泰北路 、西邻 黄山街南一巷、北邻 黄山街 ，街坊编号 00396 ，该地块用地性质为 城镇住宅用地（0701）；应按本规划条件及附图进行"出让"，取得土地使用权后编制规划、建筑设计方案，未经城乡规划主管部门批准不得擅自改变各项规划控制指标和规划用地范围；附图必须与规划条件同时使用方可有效。

一、规划、建筑设计方案须符合国家现行有关规范、标准，综合考虑城市景观要求、建筑物性质与功能、造型、风格、体量、高度、色彩及特色等因素，体现乌鲁木齐市地域性及地块所处区域风貌特点。

二、地段内凡存在以下城市制约因素的打"√"，并按有关要求执行。

制约因素	存在否	技术要求	备注
1. 水渠、水库			
2. 机场净空			
3. 机场噪声			
4. 地震断裂带	√		
5. 煤矿发证范围			
6. 危险化学品、废物库			
7. 易燃易爆			
8. 水源保护			
9. 垃圾处置、污水处理			
10. 地震观测台			
11. 气象观测场			
12. 文物保护			
13. 轨道交通	√		
14. 微波通道			
15. 高压走廊			

重点说明：

1. 按照《乌鲁木齐市规划和土地管理委员会办公室2023年第5次会议纪要》办理该用地规划条件。此规划条件有效时限为一年，期满前应按规定延期，未延期的逾期后自行失效。

2. 按照《国家发展改革委等部门关于进一步提升电动汽车充电基础设施服务保障能力的实施意见》（发改能源规[2022]53号）文件规定，新建居住社区要确保固定车位100%建设充电设施或预留安装条件；预留安装条件时需将管线和桥架等供电设施建设到车位以满足直接装表接电需要。结合《关于加强城市电动汽车充电设施规划建设工作的通知》（住建部建规[2015]199号）文件规定，新建公共建筑配建停车场、社会公共停车场具有充电设施的停车位不少于总车位的10%。

3. 按照《关于邮政快递智能服务设施设置工作的会议纪要》（乌政阅[2018]71号），在新建居住小区及商业楼宇用地内配套建设邮政快递智能服务设施。在新建住宅楼中应按照"一户一箱"的标准设置信报箱。

4. 按照《关于印发乌鲁木齐市电采暖工作实施方案的通知》（乌政发[2018]47号）的要求，优先采用电采暖供热方式。在电力无法保障的情况下，结合实际优先选择其他清洁能源供热方式。

5. 按照《城市居住区规划设计标准》（GB50180-2018）配套建设运动场（馆）、健身设施、养老设施等公共服务设施和公共绿地，应统筹规划、同步建设、同期投入使用。按照《住房和城乡建设部办公厅 民政部办公厅关于开展完整社区建设试点工作的通知》（建办科[2022]48号），每百户居民拥有综合服务设施面积不低于30平方米，60%以上建筑面积用于居民活动；根据居民日常生活需求，配建便利店、菜店、食堂、理发店、洗衣店、药店、维修点、家政服务网点等便民商业服务设施。

6. 乌鲁木齐属国家一类人防重点城市，按照自治区人防办《关于印发（新疆维吾尔自治区人民防空工程建设行政审批管理规定（试行））的通知》（新人防规〔2020〕1号）配建人防设施。

7. 按照《印发关于加快推进乌鲁木齐市装配式建筑发展的通知》（乌政办[2020]72号），鼓励引导社会投资项目建设装配式建筑。

8. 按照《关于印发<乌鲁木齐市落实节水行动实施方案>的通知》（乌政办[2020]90号），为全面提升水资源利用效率、促进高质量发展、推动全社会节水的要求，拟建项目须做好节水评价工作，严格落实节水"三同时"制度。

9. 按照《乌鲁木齐市人民政府关于稳步推进 海绵城市建设的指导意见（试行）的通知》（乌政办〔2021〕64号）要求，依据《乌鲁木齐市海绵城市专项规划（2022-2035年）》及《乌鲁木齐市海绵城市规划技术导则》，本项目需编制海绵城市设计专篇，其中年径流总量控制率为≥82%。

10. 根据《关于认真贯彻执行<建筑物通信基础设施建设标准>的通知》（乌工信基础[2023]57号），按照《建筑物通信基础设施建设标准》（XJJ 122-2020），新建（改扩建）民用建筑红线内建筑物通信基础设施（涉及机房、电源和管线等）与主体建筑物"同步规划、同步设计、同步施工、同步验收"；且需取得工信部门明确意见。

11. 住房销售应满足各区（县）提出的互嵌式居住比例要求，确保互嵌式社会结构的实施。按照乌政发[2022]86号文件要求，新建商品房项目按住房总建筑面积的1.5%配建公共租赁住房。

12. 主要出入口、管网须与市政道路、管网合理衔接。拟建建筑应满足周边建筑及自身日照、采光、通风、管线埋设、视觉卫生、防灾、环保、节能、安防、安监等规定，并应符合现行国家标准《建筑设计防火规范》GB50016的有关规定。

13. 上报设计方案应包含沿街建筑夜景亮化设计，新建高层住宅建筑外墙面不得设置外挂连廊。售楼部与建设项目须统一规划、同步设计、统一风格。

14. 沿维泰北路控制50米宽绿化带，与拟建项目统一规划、统一实施，并与辖区林草部门签订绿化实施协议。

15. 图中未涉及到的内容还须符合国家和地方现行有关法规政策、规范、标准及技术规定等要求。

16. 建设用地界线与规划道路接壤处以规划道路为准，其他界线以自然资源部门勘界为准。

图8-3　《建设用地规划许可证》规划条件示例

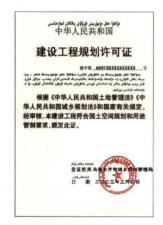

图8-4　《建设工程规划许可证》示例

制、建设管理的全流程。一方面，在控制性详细规划中细化落实海绵城市技术规范标准和相关要求，按照控规单元构建场地海绵城市建设指标体系，统筹落实和衔接各类海绵城市设施，完善建设项目豁免清单，提高海绵城市建设的可操作性。另一方面，严格管理海绵城市项目建设。在规划条件及选址阶段，依据控制性详细规划和专项规划，提出年径流总量控制率的具体指标要求；在规划设计方案及建筑设计红线阶段，在图纸上明确下沉式绿地及海绵城市建设标准，在施工图审查中结合方案设计，加强对海绵城市建设内容的审查。在工程规划许可阶段，建设单位需提交海绵城市自审报告，将海绵城市建设内容在项目许可中予以落实。

8.3 资金管理制度

为规范和加强海绵城市建设中央补助资金管理，提升资金使用效益，乌鲁木齐市印发了《乌鲁木齐市系统化全域推进海绵城市建设中央补助资金管理办法》，该管理办法对资金管理和使用原则、部门职责、资金使用范围和补助标准、资金申请条件和资金申请流程、资金监督管理等均作出明确规定。

该管理办法中所称中央补助资金是指中央拨付用于支持乌鲁木齐市海绵城市建设项目的补助资金。管理办法规定海绵城市补助资金专款专用；负责实施海绵城市建设项目的部门负责组织实施、资金管理、竣工验收、监督检查等工作；市财政局根据海绵实施方案和海绵城市补助资金申请，审核后拨付资金至各海绵成员单位；海绵城市补助资金重点支持方向包括与海绵城市建设相关的供水排水设施、雨水调蓄设施、城市内河（湖）生态修复、排水管网、居住社区、老旧小区改造等；海绵资金的资格申请和拨付按照办法规定流程进行；海绵城市补助资金实行预算绩效管理。

> **《乌鲁木齐市系统化全域推进海绵城市建设中央补助资金管理办法》摘录**
>
> 第三条 海绵城市补助资金专款专用，未经批准不得擅自调项，不得拆借、挪用、挤占和随意扣押，不得用于办公、娱乐等非生产性设施建设，不得用于购买非生产性设备，不得用于企业管理费、人员工资津贴及其他与项目无关的支出。
>
> 第七条 市海绵城市建设领导小组各成员单位是乌鲁木齐市系统化全域

推进海绵城市建设示范工作任务的责任主体,负责组织实施、资金管理、竣工验收、监督检查等工作,确保各项任务有效开展。

第八条 市财政局根据市海绵建设领导小组审定通过的海绵实施方案和海绵城市补助资金申请,审核后拨付资金至各海绵成员单位,并组织开展全过程预算绩效管理,进一步加强财政专项资金使用和监督管理。

第十二条 资格申请流程:

由项目建设单位提交资格申请,经海绵成员单位审核,海绵办确认,完成方案设计海绵城市专篇审查,呈报市海绵城市建设领导小组审定后,纳入实施方案。

方案设计海绵城市专篇文件包括海绵城市建设工程概况、方案设计、效果评估、投资概况等内容。

第十三条 资金拨付流程:

社会投资工程类项目在海绵专项施工图审查合格、海绵专项验收合格、海绵设施运营评价合格后,由项目建设单位提出海绵城市补助资金申请,经海绵成员单位审核,海绵办确认,可申请拨付至海绵城市补助资金的100%。

8.4 绩效考核与奖励制度

乌鲁木齐市陆续出台了《关于印发〈乌鲁木齐市海绵城市建设绩效评价考核办法(试行)〉的通知》及《关于印发〈乌鲁木齐市海绵城市建设绩效考核办法〉的通知》等政策文件,构建项目建设推进情况、全流程管理制度建立执行情况、海绵城市建设成效三个方面,结合各单位工作性质、职责任务等,采取"共性指标+差异化指标"的方式,细化考核内容。具体指标、要求和评价方法可依据《乌鲁木齐市海绵城市建设绩效考核指标及评分标准》进行。

《乌鲁木齐市海绵城市建设绩效考核指标及评分标准》中一类为共性指标,分值为40分,包括项目建设进度、项目建设效果、中央资金使用和海绵城市宣传;另一类为针对各区(县)人民政府、市发展和改革委员会、市城乡规划管理局、市住房和城乡建设局、市水务局、市城市管理局、市林业和草原局、市住房保障和房产管理局、市自然资源局、市财政局、市生态环境局和市气象局的差异化指标，分值为60分，是依据各责任单位所承担的海绵城市建设任务与职责所指定的差异化评价指标。

> **《乌鲁木齐市海绵城市建设绩效考核办法》摘录**
>
> 第六条 海绵城市建设绩效考核分自查、考核两个阶段：
>
> 自查阶段。海绵城市建设过程中，各区（县）应做好相关说明材料和佐证材料的整理、汇总和归档，按照《指标》做好绩效自查，每年进行一次，在当年10月份组织实施。
>
> 考核阶段。领导小组对各成员单位上报的绩效自查情况进行复核，每年进行一次，在当年11月份组织实施。
>
> 第七条 绩效考核采用评分制，结果分优秀、合格、不合格三个等级。其中，85分以上为优秀（以上包含本数，以下不包含本数），60分以上85分以下为合格，考核得分60以下为不合格。

8.5 运行维护保障制度

为指导和规范海绵城市运营维护管理水平，乌鲁木齐市印发了《乌鲁木齐市海绵城市运营维护管理细则》。该管理细则中对海绵城市主要设施、尾水湿地、排水管渠、道路设施、园林绿化设施均作出维护内容与要求的规定；此外，该管理细则还规范了项目运维资金管理、项目公司运营范围及项目运营维护成本等工作要求。

海绵城市建设主要设施（透水铺装、生物滞留设施、渗透塘、雨水罐、调蓄池/调节池、雨水塘/雨水湿地、植被缓冲带、绿色屋顶、雨水弃流设施、植草沟、渗渠等）、尾水湿地、排水管渠、道路设施（沥青路面、路肩、护坡、挡土墙、人行道路、桥梁、涵洞）、园林绿化（草坪、树木、草本花卉、广场、游园、绿地、公园水体）维护内容与要求包括设施的运行前期检修要求、定期清理要求、不同季节维护要求等。

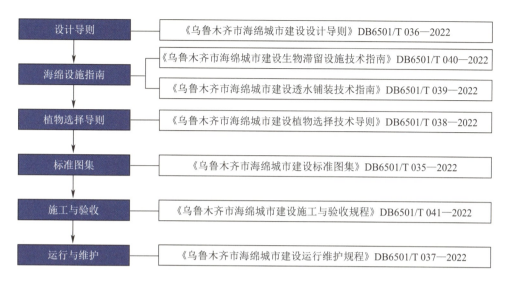

图 9-2 海绵城市建设标准体系图

设施等。

《乌鲁木齐市海绵城市建设生物滞留设施技术指南》DB6501/T 040—2022 适用于本市行政区内生物滞留设施的设计，包括基本规定、设施规模、设施设计的要求。

《乌鲁木齐市海绵城市建设透水铺装技术指南》DB6501/T 039—2022 适用于本市行政区内的新建及改建扩建人行道、非机动车道、广场、景观步道、停车场、建筑小区道路等轻型荷载区域的透水铺装工程，提供了透水铺装结构组合、材料以及设计的技术指导。

《乌鲁木齐市海绵城市建设植物选择技术导则》DB6501/T 038—2022 适用于本市中心城区各类海绵城市建设改造、新建、扩建项目，提供了低影响开发植物选择及植物栽培的技术指导。

《乌鲁木齐市海绵城市建设标准图集》DB6501/T 035—2022 适用于本市行政区内的建筑小区、城市道路、公园绿地与广场、城市水系统等系统新建、改建、扩建项目的设计。图集中列出不同用地性质及场地类型海绵城市系统构建、设计指引及常用设施。

《乌鲁木齐市海绵城市建设施工与验收规程》DB6501/T 041—2022 适用于本市海绵城市房屋建筑类、园林绿化类、城市道路及其他附属类、水务类等工程新建、改建、扩建项目和"渗、滞、蓄、净、用、排"设施的施工和验收。规定了海绵城市建设施工及验收的基本规定以及渗滞类设施、集蓄类设施、调蓄类设施、截污净化类设施、转输类设施的施工及验收要求。

《乌鲁木齐市海绵城市建设运行维护规程》DB6501/T 037—2022 适用于本市行政区域内新建、改建、扩建项目源头管控类海绵设施的运行和维护,低影响开发设施包括渗透设施、储存设施、调节设施、转输设施和净化设施等。规定了海绵城市建设项目的总则、一般规定、主要设施运行及维护、运行维护管理的要求。

《乌鲁木齐市海绵城市建设设计导则》 DB6501/T 036—2022 摘录

7 建筑与小区

7.1 一般规定

7.1.1 建筑与小区低影响开发设施应以人为本,并满足规划要求,不应对居民安全、健康、公共卫生、运动休闲等产生不良影响。

7.1.2 建筑与小区低影响开发设施布置应因地制宜,宜依托小区内绿地、水系、透水铺装等绿色设施,结合竖向设计,对雨水发挥"渗、滞、蓄、净、用、排"的功能。

7.1.3 建筑与小区低影响开发设施蓄水排空时间不宜超过12h,阴湿区域宜增加灭蚊灯、苍蝇笼等辅助设施,避免蚊蝇滋生。

7.1.4 小区应考虑冬季临时堆雪、积雪利用等工程措施。

7.1.5 小区道路应优化道路横坡坡向、路面与绿地的竖向关系,便于径流雨水汇入绿地内低影响开发设施。

7.1.6 绿色屋顶及地下车库覆土层下的渗滤水应排水通畅,避免土壤长期浸水。

《乌鲁木齐市海绵城市建设生物滞留设施技术指南》 DB6501/T 040—2022 摘录

5 基本规定

5.4 设计的基本要求

5.4.1 乌鲁木齐市海绵城市建设应采用生物滞留设施等低影响开发设施，削减高频次中小降雨和融雪水带来的径流污染与合流制溢流，涵养城市地下水资源，维系城市生态本底的水文特征。

5.4.2 生物滞留设施的建设与运行不得对地质安全、地下水水质、建（构）筑物安全、公众健康和环境卫生等造成危害。

5.4.3 生物滞留设施与其他低影响开发设施、雨水管渠系统、超标雨水径流排放系统应在竖向、平面和蓄排能力上相互衔接，保证各类设施充分发挥效能，应满足 GB 55027 和 GB 50014 的规定。

5.4.4 生物滞留设施的布置应与汇水面径流组织设计相结合，合理分析和设计地面高程，有效布置截流和转输设施，明确汇水面径流收集、处置和排放的路径，确保生物滞留设施汇水范围内的径流能进入设施。

5.4.5 屋面和高架桥的径流可由雨落管接入生物滞留设施，道路径流雨水和雪融水可通过路缘石开口进入。

5.4.6 对于污染严重的汇水区应选用沉淀池对雨水和融雪水径流进行预处理；应采取弃流等措施防止石油类等高浓度污染物侵害植物。

注：预处理的作用是去除大颗粒的污染物，同时兼具减缓流速的作用。

5.4.7 生物滞留设施的雨水排空时间不应大于48h，对环境品质和安全要求较高的地区，宜取24h。

5.4.8 生物滞留设施所处场地应有详细的地质勘察资料，主要包括区域内土壤种类、渗透系数、孔隙率、蓄水层分布、地下水埋深等，并应收集地下建（构）筑物与管网位置、埋深，及雨水口、雨水检查井井底高程等资料。

5.4.9 生物滞留设施结构底部以下原有土层的土壤渗透系数应通过试坑渗透试验进行实地勘测。每个生物滞留设施建设范围内宜至少布设 1 个勘测点，试坑应开挖至生物滞留设施结构底部，试验方法应符合 GB/T 50123 的规定，并应取各勘测点实测值中的最小值作为设计依据。

5.4.10 城市道路边的生物滞留设施的纵向坡度应与道路坡度方向一致。若道路纵坡大于1%，应设置挡水堰或台坎。

5.4.11 生物滞留建设应积极采用经济实用、绿色低碳的新材料、新产品、新工艺和新工法。

5.4.12 生物滞留设施应定期进行检查和运行评估,并应根据评估结果进行维护、改造或更新。

《乌鲁木齐市海绵城市建设透水铺装技术指南》DB6501/T 039—2022 摘录

5 结构组合设计

5.1 透水砖路面

5.1.1 透水砖路面结构由面层、找平层、基层、底基层、垫层等组成。

5.1.2 透水砖路面结构组合设计应综合考虑荷载、地质、地基承载力、地下水分布、气候环境等因素并满足结构强度、透水、储水等要求。

5.1.3 透水砖路面结构分为半透水和全透水两种结构,其中半透水结构示意详见图9-3,全透水结构示意详见图9-4。

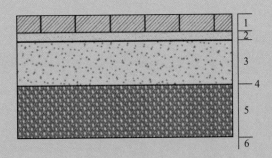

标引序号说明:
1——透水路面砖;
2——找平层;
3——基层(含底基层);
4——防水封层;
5——垫层;
6——路基

图9-3 半透水结构示意图

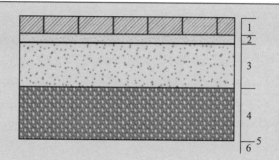

标引序号说明：
1——透水路面砖；
2——找平层；
3——透水基层(含底基层)；
4——垫层；
5——反滤隔离层；
6——路基

图9-4 全透水结构示意图

《乌鲁木齐市海绵城市建设植物选择技术导则》 DB6501/T 038—2022 摘录

5 植物选择

5.2 下沉式绿地

5.2.1 适用性

下沉式绿地可广泛应用于建筑庭院与小区、道路、绿地和广场内。对于径流污染严重、设施底部渗透面距季节性最高地下水位或岩石层小于1m，及距离建筑物基础小于3m（水平距离）的区域，应采取必要的措施防止次生灾害的发生。

5.2.2 适用植物特征

植物宜选用耐涝并有一定耐旱能力的品种。

5.2.3 植物选择推荐

放坡位置可选用草本类：冷季型草坪、马蔺、西伯利亚楼斗菜、薹草等；最低面区域可选用草本类：鸢尾、千屈菜、菖蒲、水葱等；灌木类：怪柳、紫穗槐、丁香、四季玫瑰、东北珍珠梅、黄刺玫等；乔大类：白蜡、水曲柳、红叶李等。配置形式以土壤厚度为依据，可选用多种草本植物高低搭配形成花境，并与景石、卵石带相互映衬，也可选择单一品种片植形成统一的景观。土壤厚度大于1m可配置乔木。

《乌鲁木齐市海绵城市建设标准图集》 DB6501/T 035—2022 摘录

1 建筑与小区低影响开发设施设计指引

1.2 设计要点

1.2.1 场地设计

（1）应充分结合现状地形地貌进行场地设计与建筑布局，保护并合理利用场地内原有的湿地、坑塘、沟渠等，并根据场地竖向关系，将地块划分为若干个汇水分区，每个分区内分别对建筑屋面、硬化路面、广场以及绿地进行水量平衡计算，进而采取相应措施分别消解每个汇水分区内的雨水。

（2）应优化不透水硬化面与绿地空间布局，建筑、广场、道路周边宜布置可消纳径流雨水的绿地。建筑、道路、绿地等竖向设计应有利于径流汇入低影响开发设施。

（3）景观水体补水、循环冷却水补水及绿化、道路洒用水的非传统水源宜优先选择雨水。按绿色建筑标准设计的建筑与小区，其非传统水源利用率应满足《绿色建筑评价标准》（GB/T 50378）的要求，其他建筑与小区宜参照该标准执行。

（4）有景观水体的小区，景观水体宜具备雨水调蓄功能，景观水体的规模应根据降雨规律、水面蒸发量、雨水回用量等，通过全年水量平衡分析确定。

（5）雨水进入景观水体之前宜设置前置塘、植被缓冲带等预处理设施，同时可采用植草沟传输雨水，以降低径流污染负荷。景观水体宜采用非硬质池底及生态驳岸，为水生动植物提供栖息或生长条件，并通过水生动植物对水体进行净化，必要时可采取人工土壤渗滤等辅助手段对水体进行循环净化。

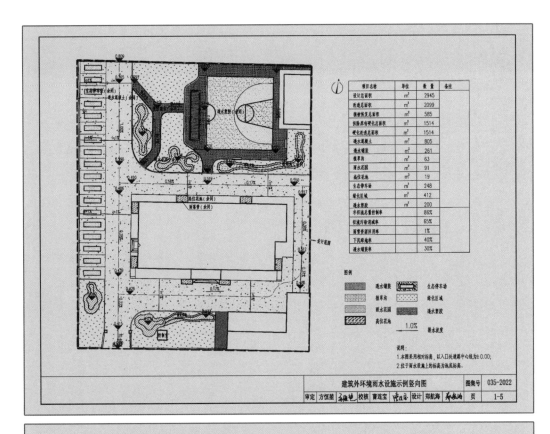

《乌鲁木齐市海绵城市建设施工与验收规程》 DB6501/T 041—2022 摘录

8 截污净化设施

8.1 植被缓冲带

8.1.1 一般规定

8.1.1.1 植被缓冲带施工与验收应符合设计和CJJ 82的要求。

8.1.1.2 植被缓冲带适用于道路边坡、城市水系滨水绿化带等坡度较缓植被区，其坡度宜为2%～6%，宽度一般不宜小于5m，施工时尽量让雨水均匀散排，避免出现雨水集中收集的区域。

8.1.2 施工要求

8.1.2.1 植被缓冲带施工工序

坡面清理→种植土施工→植被栽种。

8.1.2.2 植被缓冲带的断面形式、结构层、土质和植被品种应按设计要求施工。

8.1.2.3 当植被缓冲带设有消能沟槽、渗排水管、净化区时，这些设施的进、出水口等应严格按照设计要求布置施工。

8.1.3 验收标准

8.1.3.1 主控项目

8.1.3.1.1 植被缓冲带的坡顶、坡脚应与汇水面顺接，使雨水均匀地流经整个坡面，避免形成集中冲刷。应观察检查。

8.1.3.1.2 植被缓冲带构造形式应满足设计要求，进水口拦污设施准确设置。应核对图纸、全断面量测检查。

8.1.3.1.3 植被缓冲带的坡度应符合设计要求。应核对图纸、坡度尺量测。

8.1.3.2 一般项目

8.1.3.2.1 植被缓冲带的植被布置、成活率应符合设计要求。应观察、量测。

8.1.3.2.2 植被缓冲带坡向要求大体一致。应观察、量测。

8.1.3.2.3 植被缓冲的允许偏差应符合CJJ 82的要求。

肆

项目实施

第 10 章

总体情况

2021年～2023年,乌鲁木齐市共实施海绵城市建设项目160项。其中,海绵型建筑社区类项目94项、海绵型道路广场类项目25项、海绵型公园绿地类项目22项、海绵型水系类项目4项、雨水管网及泵站类项目13项、管网排查与修复类项目1项、GIS平台与监测设施类项目1项(图10-1)。

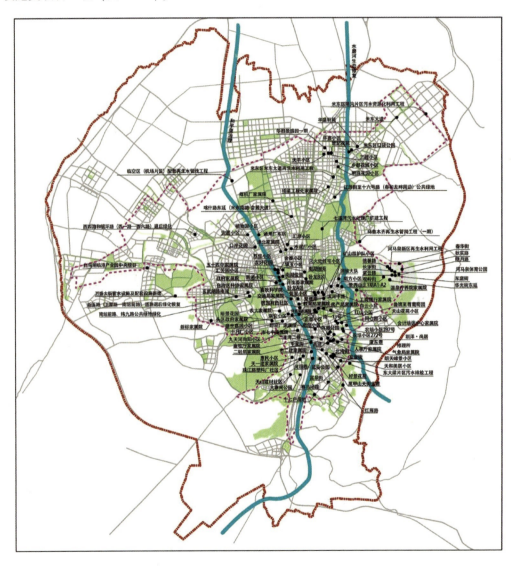

图10-1 海绵示范城市建设项目分布图

第 11 章

水资源利用

十七户湿地再生水净化利用枢纽工程

1. 项目概况

为缓解水资源不足这一制约城市发展的主要矛盾,乌鲁木齐市启动了"水进城"项目,坚持以水立城、以水兴城、以水润城,利用再生水和雨洪资源,满足乌鲁木齐市城市发展中的绿化灌溉用水。十七户湿地是"源头"与"用户"之间重要的再生水调蓄净化枢纽工程,总占地面积85hm^2,示范期内总投资1.4亿元(图11-1)。湿地以全市最大的城北再生水厂出水为水源,通过四级泵站提升420m输送至十七户湿地,日进水量2.5万 m^3,经深度净化处理后通过配水管线输送至和平渠、大寨闸公园、水上乐园、南公园、河滩快速路等,作为绿化灌溉用水,每年可置换洁净水资源约400万 m^3。湿地景观打造与原有地形地貌相结合,充分利用天然坑塘洼地作为再生水和周边雨、雪水的调蓄空间,降低周边区域洪涝风险。十七户湿地现已成为城区绿化灌溉用水的重要节点,同时也为周边居民提

图11-1 项目区位图

供了休闲活动空间。

2. 建设方案

项目设计中引入雨水花园、雨水湿地、转输型植草沟、植草截洪沟、透水铺装、透水河道生态防护等多种符合海绵城市建设标准的雨水管理措施，提高雨水下渗能力；通过人工湖、人工湿地、溢流堰滞蓄水资源（图 11-2）。

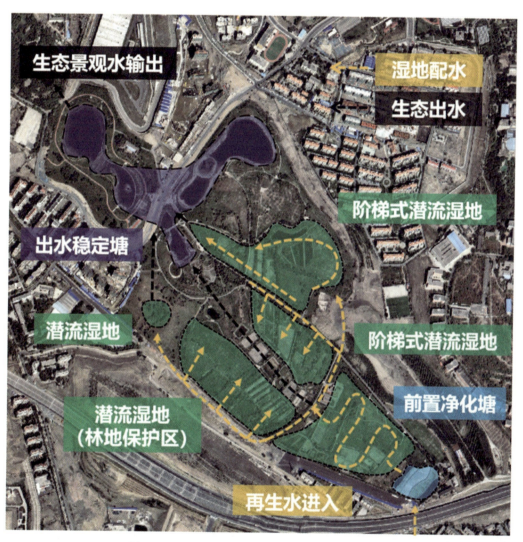

图 11-2 十七户湿地再生水净化、存储、利用系统图

河东污水处理厂来水进入湿地公园后，首先进入前置复合净化湿地，增加水体含氧量，提高后续潜流湿地处理效率。前置复合净化湿地总面积 1.1hm²，设计处理水量 2.5 万 m³/d。湿地借助地形分级设计沉淀、跌水和溪流，改善水体流态，初步处理 COD、

BOD、氨氮和 TP（图 11-3）。

图 11-3　前置复合净化湿地

前置复合净化湿地出水通过重力进入水平潜流湿地系统进行深度处理。湿地总面积 6.36hm^2。湿地采用具有吸附功能的填料为湿地系统中的微生物提供生长的场所，也为湿地植物提供根系生长的基础。通过过滤、吸附、沉淀、离子交换、微生物同化分解和植物吸收等途径去除再生水中的悬浮物、有机物、氨氮和磷等（图 11-4）。

图 11-4　水平潜流湿地

为了确保水质达标,潜流湿地出水后增设出水稳定塘,总面积 10hm²,出水水质达到景观用水标准。稳定塘设置推流曝气设施,改善水体流态,避免形成死水区,提高水体溶解氧,并构建完善的生态系统(水生植物系统、水生动物系统和微生物系统),进一步去除有机物、氨氮和 TP,通过稳定塘的水生态系统进行综合净化,最后达标排放(图 11-5)。

图 11-5 出水稳定塘

园区内联通水系岸线均为自然生态岸线形式,与多种植物搭配提高景观效果,为周边居民提供休闲活动空间(图 11-6)。

图 11-6 自然生态岸线

3. 建设成效

湿地公园建成后,主要起到以下几方面作用:一是进一步提高非常规水资源利用效率。项目建成后,通过湿地净化的再生水量约2.5万 m^3/d,充分保障了沿线公园绿地灌溉和道路浇洒用水,缓解缺水问题;二是降低周边区域洪涝风险。十七户湿地作为城区南部重要绿色空间,对天然坑塘洼地进行保护利用,提升城市应对洪涝灾害的能力,践行绿色、低碳发展理念;三是为居民提供休闲活动空间。十七户湿地区域原有大面积棚户区,整体环境较差。十七户湿地建设对区域环境进行了整体改善,成为周边居民的休闲活动场所(图11-7~图11-9)。

图 11-7　十七户湿地实景图

图 11-8　下游大寨闸公园

图 11-8　下游大寨闸公园（续）

图 11-9　和平渠

第 12 章

水系治理

12.1 水磨河生态修复项目概况

水磨河发源于博格达山西侧的低山带,属于乌鲁木齐河水系,是一条以地下水补给为主的岩石裂隙涌泉河,全长27.2km,自南向北贯穿市区,是乌鲁木齐市的母亲河,也是唯一的四季常流河。水磨河生态修复工程是乌鲁木齐市在区域流域层级打造城市"大海绵"结构的重要举措之一。项目治理河道总长度19.6km,总占地面积219.4hm^2,总投资2.73亿元,海绵设施相关投资0.9亿元,其中水磨沟区段长度9.6km,米东区段长度10km(图12-1)。

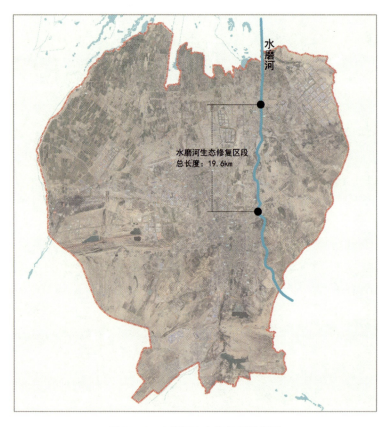

图12-1 水磨河生态修复项目范围

水磨河周边区域均为城市建成区,用地类型以商业和居住为主。项目主要建设内容包括河道岸线治理、景观节点打造以及配套排水管网建设等。项目建设过程中充分融入低影响开发设计理念,形成自然与城市共生、历史与文化交融、绿色与健康引领的城市滨水公共绿色空间。

随着城镇化、工业化发展,20世纪50年代初期水磨河沿岸先后建起了面粉厂、电厂等企业，违章建筑和排污口污水私排乱放问题突出，联丰桥、米泉桥断面水质长期为劣Ⅴ类；河道岸线开发利用程度较大，部分河段小区建设挤占河道岸线，应对春季融雪性山洪的能力严重不足，城区水安全存在风险（图12-2）。

图12-2 实施生态修复前水磨河实景图

12.2 水磨河生态修复建设方案

水磨河生态修复项目设计年径流总量控制量为90%，对应降雨量为16.5mm。根据场地条件和产汇流特点，将整个区域划分为30个排水分区，计算设计调蓄容积，明确海绵设施规模。由于乌鲁木齐市降雨量较少，因此在海绵设施选择上以绿地微下沉、透水铺装为主，选择耐旱本土植物。通过海绵设施的应用解决公园绿地在自身消纳雨水功能的同时，协助消纳周边区域径流雨水，提高区域雨洪利用效率及防洪排涝能力（图12-3）。具体措施如下：①城市水安全保障措施：将河道宽度由8m拓宽至12~80m，水面面积新增10.8万m²。坚持景观生态化要求，最大化保留整个河岸原有植被资源，植物选择以乡土树种为主，注重节水、耐荫、耐旱功能，共计搭配乔木50余种，灌木和花卉植物70余种，增加植物景观的多样性、稳定性和低维护性。开展全线河道驳岸生态化设计，在洪水位线与常水位之间设计斜坡绿地，协调河道水利防洪与景观需求；②低影响开发技术措施：道路、场地采用透水材料，绿地标高低于道路10cm；道牙设置雨水槽，结合场地的竖向设计，以1.5%的坡为主，收集道路场地及灌溉积水；利用生态草沟、雨水花园、下沉式绿地等设施，夏季调蓄雨水，冬季存储雪水，实现雨、雪的自然积存、自然渗透、自然净化；③水环境改善措施：搬迁沿河周边64家企业厂房、137户居民自建房；全面封堵沿河所有排污口，将污水管网全部纳入市政管网，实现河流源头保护区污水"零排放"；④水资源集约、节约利用措施：关停水磨河沿线地下取水井8眼，节约地下水资源169.4万m^3；采用自动化灌溉滴管节水措施，全流域开展景观改造工程及中水管线建设，保障生态基流下泄流量；⑤公共空间打造：注重公共亲水空间建设，结合居民使用需求，营造临水台阶、滨水广场、儿童嬉戏场地等丰富的滨水活动空间，激发城市宜居活力，呈现人水和谐之美。

图12-3 项目总体平面图

12.3 水磨河生态修复建设成效

项目遵循低碳发展理念，通过打造绿色慢行系统，为步行、慢跑、骑行等低碳出行模式提供场所。强化河岸植被的景观效果，突出季节色彩变化，搭配种类丰富的绿带花卉植物，构建"一河、五区、二十四景"的景观风貌。近五年来水磨沟公园累计游客达1300万余人次。依托城市内稀缺的优质生态环境，积极推进水磨河文旅产业融合发展示范带建设，引导多元业态发展，形成集"生态、文化、创意、旅游、商业"为一体的功能复合型活力城市滨水公共绿色空间。

通过对沿线排水管网的综合治理，彻底消除污水直排，极大改善水磨河水质。数据显示，水磨河流域三个断面水质由Ⅳ类提升至Ⅲ类及以上水质标准，其中水磨河搪瓷厂泉断面可达到或优于Ⅱ类标准，七纺桥断面、联丰桥断面水质监测结果稳定优于Ⅲ类水质。

水磨河景观改造工程以山水田林为生态基底，依托优越的自然人文底蕴和城市更新的契机，通过自然资源整合、人文历史资源挖掘、城市功能融入、多元业态引导、基础设施完善等方式，营造一条自然与城市共生、历史与文化交融、绿色与健康引领的城市滨水公共绿色空间和生态廊道，实现生态安全保障、功能服务协调、景观有序合理、人文历史情怀并重的城市滨水休闲风光带和城市文化地标，成为城市生态文明建设和宜居生活的重要载体。水磨河的景观改造建设能够提升周边建设用地的价值，提升区域品位及形象，营造良好的招商引资环境，吸引大量社会资本投入到项目区周边。项目建成后促进旅游业的发展，带动经济，在一定程度上能够提升居民的收入水平（图12-4）。

图12-4　水磨河实景

图 12-4 水磨河实景（续）

第 13 章

公园绿地

13.1　天山区延安公园

13.1.1　项目概况

位于天山区延安路与多斯鲁克路交汇处，总面积约 8.28hm² （图 13-1）。项目于 2022 年建设完成，为改造海绵型公园绿地类项目。项目总投资 892.82 万元，其中海绵设施总投资约 630 万元。

图 13-1　项目区位图

改造前，延安公园路网体系不完善且路面破损严重，园区场地功能不明确，景观效果较差（图 13-2）。海绵化改造后总面积为 82841m²，其中绿地面积 65254m²，建筑占地面积约 1637m²，公园道路及铺装场地面积约 14390m²，水体面积约 1560m²。通过此次项目的建设，为周边居民提供了良好的景观绿化空间，使居民在茶余饭后时间可以在此休憩、娱乐、健身，同时还优化了场地内的雨水径流，将雨水引导至下沉绿地中，发挥海绵功能（图 13-3）。

第 13 章　公园绿地

图 13-2　改造前的延安公园

图 13-3　延安公园改造设计平面图

13.1.2　建设方案

根据《乌鲁木齐市海绵城市专项规划（2022-2035 年）》，河马泉体育公园项目设计参数为：年径流总量率≥90%，对应设计降雨量 16.5mm，年径流污染控制率≥60%。

项目在满足乌鲁木齐市海绵城市规划设计中对于年径流总量控制率以及年径流系数要求的前提下，主要采用的海绵措施有下沉绿地、透水路面、生态停车场、生态旱溪、生态

137

树池、景观水系等，充分发挥公园绿地海绵作用，通过海绵设施的应用实现公园绿地提升自身消纳雨水功能（图13-4、图13-5）。

图13-4　透水停车场

图13-5　园路透水铺装、下沉式绿地

13.1.3　建设成效

延安公园通过研究周边用地和使用人群，挖掘公园及地域历史记忆元素，从功能的完善、景观的提升、业态的融入等方面打造老城区功能丰富、绿色生态、环境舒适、诗意栖居的区级综合性公园。项目以人与自然和谐为价值取向，以绿色低碳循环为主要原则，以生态文明建设为基本抓手，遵循低碳发展理念，铸造高品质公园绿地空间。项目建成后受到了周边居民广泛的喜爱，不仅解决了原有场地内的雨水内涝等排水问题，还通过绿化以及铺装场地的设置，为周边居民提供了良好的景观绿化空间，进一步优化居民生活环境（图13-6）。

图 13-6　延安公园改造后实景

13.2 河马泉体育公园

13.2.1 项目概况

河马泉体育公园位于乌鲁木齐市河马泉新区，东临夏荷路，西临紫云路，北面为住宅小区，南临东庭街（图13-7）。项目总用地面积6.4hm²，其中铺装面积1.9hm²，绿化面积4.2hm²。项目于2023年建设完成，总投资1亿元，其中海绵设施相关投资2310.96万元，为新建公园绿地类项目。项目场地分为南、北两个片区，北区为足球场地，南区主要为管理服务类建筑主体、公共景观绿化及篮球场场地。本项目海绵设计相关内容主要集中于南侧区域。

图13-7 项目区位图

13.2.2 建设方案

根据《乌鲁木齐市海绵城市专项规划（2022-2035 年）》，河马泉体育公园项目设计参数为：年径流总量率≥90%，对应设计降雨量 16.5mm，年径流污染控制率≥60%。

项目在满足上位规划中对于年径流总量控制率等目标要求的前提下，兼顾雨水资源的利用，打造西北干旱地区雨水资源利用的示范项目。绿地雨水径流通过传输植草沟汇入雨水花园，溢流水量进入内部雨水管网；道路雨水径流通过线型排水沟进入绿地；屋面雨水通过建筑内部雨落管进入雨水井后汇入场地内部雨水管。绿地和路面的溢流雨水、屋面雨水通过场地内部雨水管进入蓄水池，通过泵站提升后用于绿化浇灌，多余水量排入外部市政雨水管（图 13-8）。

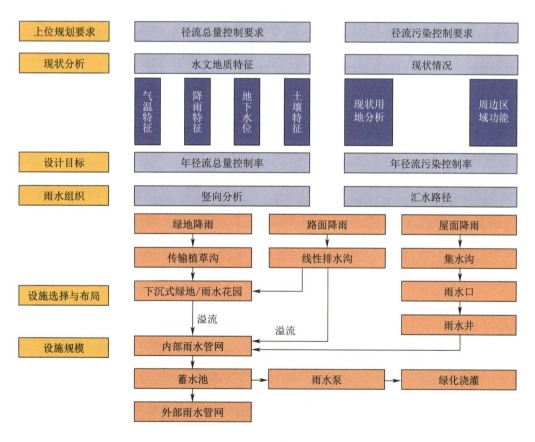

图 13-8 河马泉体育公园项目技术路线

结合下垫面条件，梳理汇水关系，项目场地共划分为 13 个汇水分区，根据年径流总量控制率目标，计算海绵设施规模（图 13-9、表 13-1、图 13-10）。

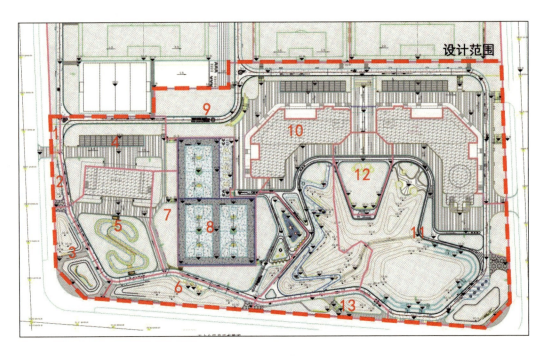

图 13-9 汇水分区图

海绵设施规模计算表　　　　　　　　　　　　　　　　　　　表 13-1

汇水分区	占地面积（m²）	屋面（m²）	不透水路面（m²）	透水路面（m²）	绿地（m²）	综合径流系数	设计调蓄容积（m³）
1	96.64	0	9.67	38.04	48.93	0.28	0.45
2	183.21	0	8.78	83.55	90.88	0.25	0.77
3	819.62	0	172.72	111.23	535.67	0.33	4.44
4	1927.69	0	788.39	338.84	800.46	0.48	15.37
5	2327.88	598.50	439.90	522.17	767.31	0.52	19.90
6	1009.15	0	206.48	153.99	648.68	0.33	5.43
7	2215.08	0	184.74	623.39	1406.95	0.25	9.31
8	2591.26	0	2591.26	0	0	0.90	38.48
9	6687.27	0	3355.72	1067.95	2263.60	0.55	60.72
10	3793.40	1152.54	348.42	855.44	1437	0.48	30.08
11	7856.22	1416.19	1122.52	977.96	4339.55	0.41	53.28
12	1058.36	0	322.61	227.62	508.13	0.41	7.18
13	730.19	0	157.88	144.52	427.79	0.34	4.12

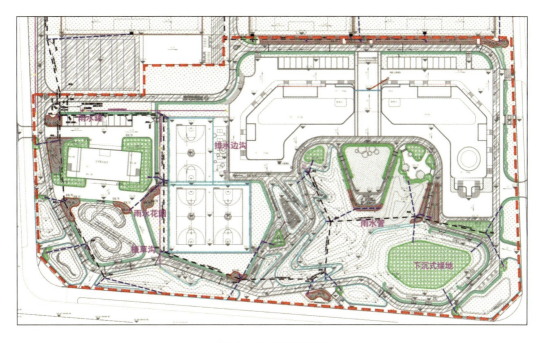

图 13-10　设施布局图

13.2.3　建设成效

本项目以人与自然和谐共生为主要原则，绿色低碳循环为价值取向，项目建成后在提高城市的环境质量、增加城市的水源储备、减少城市的水灾风险等方面发挥重要作用。项目受到周边居民广泛的喜爱，集生态涵养、海绵措施、运动健身等功能为一体，为周边居民提供了运动健身、休闲旅游的重要活动场所（图 13-11）。

图 13-11　河马泉体育公园实景

图 13-11 河马泉体育公园实景（续）

第 14 章

建筑小区

14.1 东庭居

14.1.1 项目概况

东庭居位于乌鲁木齐市河马泉新区，总用地面积5.8hm²，其中铺装面积1.5hm²，绿化面积2.9hm²，建筑占地面积1.4hm²（图14-1）。项目于2023年建设完成，总投资13亿元，其中海绵设施相关投资1251.3万元，为新建建筑小区类项目。

图14-1 项目区位图

14.1.2 建设方案

根据《乌鲁木齐市海绵城市专项规划（2022-2035 年）》，东庭居项目设计参数为：年径流总量率≥90%，对应设计降雨量 16.5mm，年径流污染控制率≥60%。

项目场地地势坡度明显，在径流组织上充分利用地势特点，沿道路设置卵石边沟，将道路雨水径流净化后传输至低点的雨水花园；中央景观轴区域根据现场高差水流方向设置植草沟，最终汇入邻近雨水花园；别墅区设置下沉绿地。超标雨水径流通过雨水管网排入外部市政管网（图 14-2）。

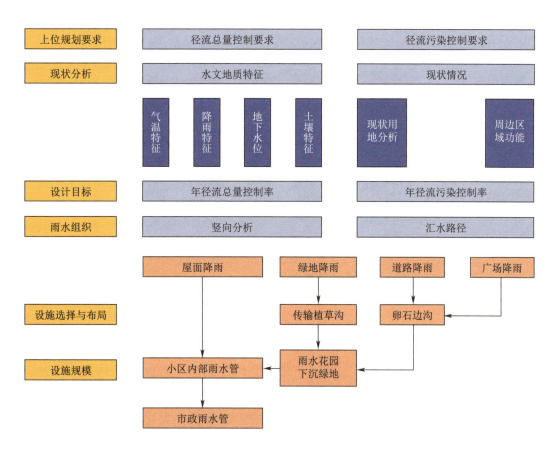

图 14-2 东庭居项目技术路线

结合下垫面条件，梳理汇水关系，项目场地共划分为 19 个汇水分区，根据年径流总量控制率目标，计算海绵设施规模（图 14-3、表 14-1、图 14-4）。

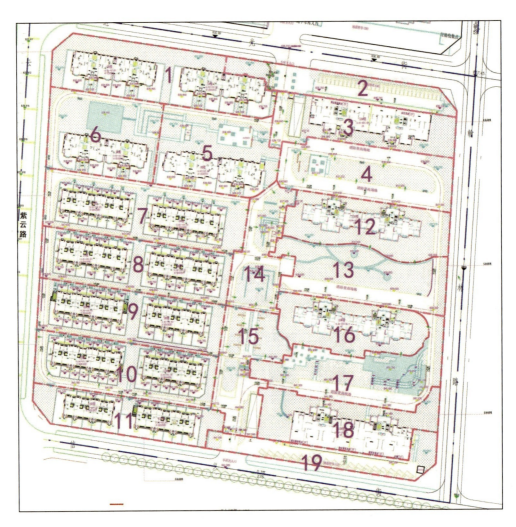

图 14-3 汇水分区图

海绵设施规模计算表 表 14-1

汇水分区	占地面积 (m²)	屋面 (m²)	不透水路面 (m²)	透水路面 (m²)	绿地 (m²)	综合径流系数	设计调蓄容积 (m³)
1	4273.77	1510.62	156.08	0	2607.07	0.44	31.20
2	2062.06	9.76	1436.31	0	615.99	0.68	23
3	2899	1600	304.95	0	994.05	0.64	30.75
4	3381.58	0	2125.23	0	1256.35	0.62	34.67
5	3435	850	747.27	0	1837.73	0.50	28.27
6	3336.74	750	650	351	1585.74	0.48	26.45
7	3473.86	1144.60	911.65	0	2317.61	0.50	36.27
8	3651	1147.80	419.31	0	2083.89	0.47	28.43
9	3568	1095	428	0	2045	0.47	27.68

续表

汇水分区	占地面积（m²）	屋面（m²）	不透水路面（m²）	透水路面（m²）	绿地（m²）	综合径流系数	设计调蓄容积（m³）
10	3603.77	1072.90	660.39	0	1870.48	0.51	30.37
11	2575	922.85	0	0	1652.15	0.42	17.79
12	2946.18	1010.71	26.75	0	1908.72	0.41	20.13
13	3217	0	1029.50	213.43	1974.07	0.40	21.23
14	2051.46	0	1502.42	0	999.04	0.53	18.10
15	2276.31	224.88	1070.90	0	980.53	0.58	21.67
16	2615.40	1013.15	56.78	0	1545.47	0.46	19.71
17	3368	0	1464.84	542.36	1360.80	0.50	27.81
18	3082.40	1576.69	100.37	0	1405.34	0.56	28.38
19	1809.30	26.23	1352.38	0	430.69	0.72	21.54

图 14-4 海绵设施布局图

14.1.3 建设成效

东庭居海绵型建筑小区项目是乌鲁木齐市河马泉海绵示范区建设的重要内容之一。小区内部地势起伏明显，雨水径流组织路径清晰，采用适用于本地特点的绿地"微下沉"、雨水花园、植草沟、卵石边沟等海绵技术措施，实现"小雨不积水，大雨不内涝"的目标，减少暴雨期对市政雨水管网的压力，提高对径流雨水的渗透、调蓄、净化、利用和排放能力。降雨后雨水有序经过植草沟流入就近雨水花园内。雨水花园区域种植水生植物和耐涝植物，海绵设施与自然景观相融合，营造景观氛围。在解决项目区内积水问题的同时为周边居民创造了良好的景观绿化空间。结合乌鲁木齐干旱少雨的实际情况，在雨水花园建设中减少需水量较大的植物配比，以卵石层替代，减少灌溉用水量，降低后期运行维护压力（图 14-5～图 14-7）。

图 14-5　雨水花园

图 14-6　植草沟

图 14-7　降雨后雨水花园收水效果

14.2 紫云台

14.2.1 项目概况

紫云台小区位于乌鲁木齐市河马泉新区，总用地面积 6.7hm²，其中铺装面积 1.9hm²，绿化面积 3.6hm²，建筑占地面积 1.1hm²（图 14-8～图 14-10）。项目于 2023 年建设完成，海绵设施相关投资 2198 万元，为新建建筑小区类项目。

图 14-8 项目区位图

14.2.2 建设方案

根据《乌鲁木齐市海绵城市专项规划（2022-2035 年）》，紫云台小区项目设计参数为：年径流总量率≥90%，对应设计降雨量 16.5mm，年径流污染控制率≥60%。

图 14-9　紫云台建筑小区总平面图

图 14-10　紫云台建筑小区效果图

项目地为低层住宅景观，整体规划地势南高北低，东高西低，为了解决由于地势高差场地内会形成内涝的问题，同时根据居住区建筑布局，设计"两轴两片"的景观结构，建设雨水塘，收集降雨径流作为景观用水；公园道路沿线设置乱石边沟，将路面雨水收集至下沉式绿地；采用生态旱溪景观形式，减少绿化灌溉用水的同时提供雨雪调蓄空间（图14-11）。

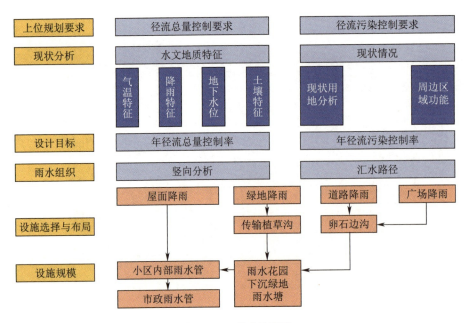

图 14-11 技术路线图

结合下垫面条件,梳理汇水关系,项目场地共划分为 26 个汇水分区,根据年径流总量控制率目标,计算海绵设施规模(图 14-12、表 14-2、图 14-13)。

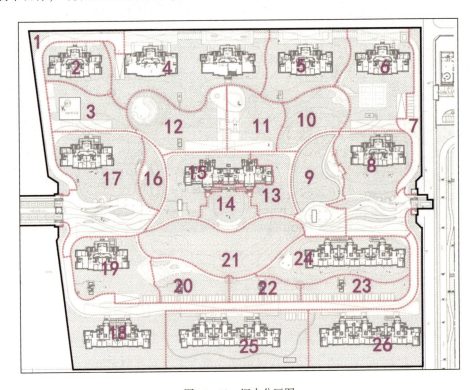

图 14-12 汇水分区图

海绵设施规模计算表

表 14-2

汇水分区	占地面积 (m²)	屋面 (m²)	不透水路面 (m²)	透水路面 (m²)	绿地 (m²)	综合径流系数 (m²)	设计调蓄容积 (m³)
1	1507	0	54.1	0	401.90	0.70	17.41
2	1559.30	672.90	177.70	0	708.70	0.56	14.39
3	1654.50	251.70	548.70	16.80	837.30	0.51	14.04
4	5250.80	1513.60	717.50	470.40	2549.30	0.48	41.77
5	2664.70	715	293.90	294.20	1361.60	0.45	19.81
6	3345.10	833.10	666.60	485	1360.40	0.51	28.04
7	1031.80	0	95.50	0	281.20	0.70	11.84
8	4092	700.30	1318.40	245.30	1786.50	0.54	36.30
9	2085.70	33.40	875.70	26.40	1150.20	0.48	16.48
10	1614.40	0	142	201.30	1271.10	0.23	6.25
11	1609.60	0	520.40	43.80	1045.40	0.40	10.53
12	2526.70	16	809.80	128.60	1572.30	0.40	16.79
13	1124.40	0	227.20	17	880.20	0.30	5.64
14	1023.40	0	271.80	0	751.60	0.35	5.90
15	2576.80	1040.30	348.60	39.40	1148.50	0.56	23.66
16	750.80	0	124.50	54.50	571.80	0.29	3.53
17	5569.10	732.10	2633.40	150.50	1983	0.62	56.79
18	5203.10	718.30	303	0	2035.30	0.61	52.08
19	2534.40	814.10	153.10	166.90	1400.30	0.45	18.65
20	1396.70	27.70	380.50	280.70	707.80	0.40	9.20
21	4468.10	0	0	0	4468.10	0.15	11.06
22	847.10	27.70	332.10	22.50	464.80	0.47	6.60
23	1191.30	27.70	443.90	24.30	695.40	0.45	8.84
24	2964.70	1073.30	267.60	8	1615.80	0.49	23.95
25	4205.50	1091.40	422.20	199	2492.90	0.43	29.63
26	3759.70	1094.90	475.20	91.60	2098	0.47	28.96

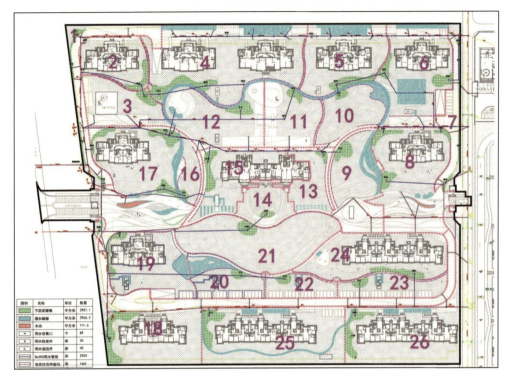

图 14-13 设施布局图

14.2.3 建设成效

紫云台海绵型建筑小区项目是乌鲁木齐市河马泉海绵示范区建设的重要内容之一。小区内部海绵要素类型丰富，采用适用于本地特点的绿地"微下沉"、雨水花园、植草沟、卵石边沟等海绵技术措施，实现"小雨不积水，大雨不内涝"的目标，减少暴雨期对市政雨水管网的压力。同时利用坑塘建设雨水收集池，将雨雪径流收集后用于绿地灌溉，为居民提供了良好的绿化空间，营造了高品质居住环境（图 14-14～图 14-16）。

图 14-14 生态旱溪

图 14-15　透水铺装和卵石边沟

图 14-16　下沉式绿地和雨水花园

14.3 灭火处住宅小区

14.3.1 项目概况

灭火处住宅小区位于水磨沟区南湖东路北 6 巷 65 号，占地面积 2.1hm²，包括九栋居民楼（图 14-17）。项目于 2022 年完成，海绵设施相关投资 299.6 万元，为老旧小区改造类项目。灭火处住宅小区建筑密度约为 21%，通过加权平均计算，项目现状综合雨量径流系数为 0.54（表 14-3）。

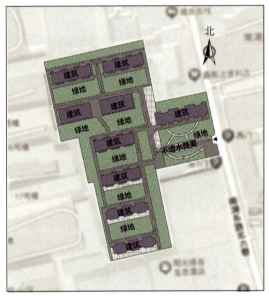

图 14-17 项目区位、现状下垫面图

现状下垫面分析表　　　　　　　表 14-3

下垫面类型	面积（m²）	比例	雨量径流系数
建筑	4207.89	20.37%	0.85
绿地	9274.42	44.91%	0.15
不透水路面	7170.13	34.72%	0.85
合计	20652.44	100%	0.54（综合）

灭火处住宅小区内整体地势较为平坦，整体地势为南高北低，坡度约为 3%。项目现状排水体制为雨污合流制，雨、污水经合流管道（管径为 $D300$）收集后向南排入南湖东路北六巷市政管网中（图 14-18）。小区内的建筑为 6 层高，屋顶雨水通过女儿墙的泄水孔直接从楼顶排下。

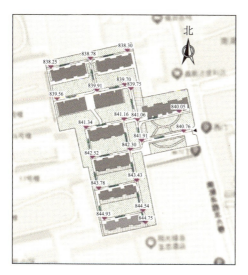 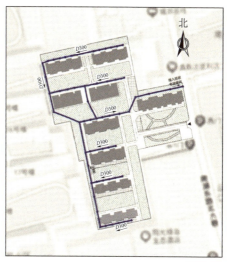

图 14-18　现状竖向高程、排水管网分布图

改造前的灭火处住宅小区存在以下几方面问题：

（1）小区为雨污合流制，管网老化堵塞。由于管网老化严重且长期缺乏管道养护而堵塞，居民楼内经常出现污水排放不畅的问题。

（2）屋顶雨水泄水孔排放，存在安全隐患。灭火住宅小区部分建筑并无雨落管，屋顶的雨水直接从女儿墙外排，存在安全隐患。此外，楼顶由于年久失修，存在屋顶漏水现象。

（3）路面破损，景观效果亟待提升。小区内的现状水泥路面年久未修，已经出现破损、开裂的情况。小区内的公用健身设施场地基本为光面的小方砖，已经出现破损和缺失且雨天易打滑。

（4）小区绿地面积较大，养护成本较高。灭火住宅小区的绿地面积为 9951.45m²，占小区总面积的 47.89%。小区绿地主要采用自来水浇灌，增加了养护的成本（图 14-19）。

图 14-19　灭火处住宅小区改造前实景

14.3.2 建设方案

根据《乌鲁木齐市海绵城市专项规划（2022-2035年）》，灭火处住宅小区的设计目标为：①年径流总量控制目标中，年径流总量控制率为75%，对应设计降雨量为9.6mm；②径流污染控制目标中，年SS削减率不低于45%。

项目采用"分散渗蓄为主、集中蓄积为辅"的雨、雪水利用模式。建筑屋顶雨水通过雨落管接入地埋式储水罐；路面雨水通过线型排水沟、路缘石开口分散引入旱溪型植草沟、雨水花园；或通过透水铺装下渗，超标雨水溢流排放至市政管网；通过破损铺装改造、绿化复植、旱溪型雨水花园打造等措施提升小区的整体景观效果。通过水力计算对设施规模进行测算（图14-20）。

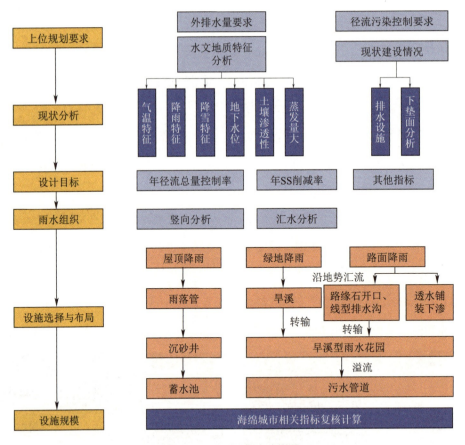

图14-20 项目技术路线图

根据场地竖向高程、雨水管网布置以及海绵设施的潜在位置，将场地划分为3个汇水分区（图14-21、表14-4）。

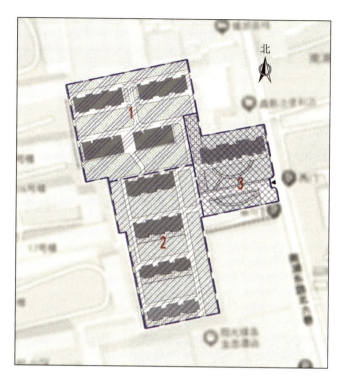

图 14-21 汇水分区图

汇水分区下垫面情况统计表（单位：m²）　　　　表 14-4

汇水分区	路面	绿地	建筑	面积
1	2331.66	3866.55	1862.64	8060.85
2	2898.24	3655.73	1685.16	8239.12
3	1940.23	1752.14	660.09	4352.46
合计	7170.13	9274.42	4207.89	20652.44

结合场地情况，本项目选择的海绵设施主要有：旱溪型雨水花园、开口路缘石、线型排水沟、透水路面、屋顶雨水收集利用设施、生态多孔纤维棉等（图 14-22～图 14-24）。

旱溪型雨水花园。旱溪型雨水花园指在地势较低的区域，通过植物、土壤和微生物系统蓄渗、净化径流雨水的设施。旱溪型雨水花园的结构如图 14-22 所示，包括树皮覆盖层、黏土层和砾石层等，总厚度约 0.8m。

线型排水沟。通过线型排水沟，实现雨水的截流和传输。通过量化计算，项目内选用的线型排水沟的宽度为 15～25cm，深度为 15～20cm。线型排水沟的敷设应满足 3‰ 的竖向坡度，保障输水效果。

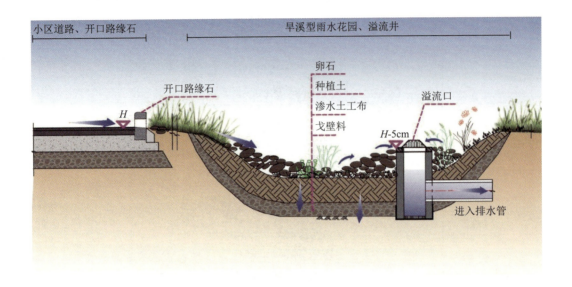

图 14-22 旱溪型雨水花园

图 14-23 线型排水沟

透水路面。公用健身设施共计两处，分别采用全透式混凝土路面和半透式混凝土路面。其中，靠近建筑的公用健身设施采用半透式混凝土路面，具体建设方式如图 14-24（a）所示。同时，为避免积水冻胀问题，混凝土垫层设置了 0.3% 的横坡，并在低点布置了雨水收集管，最终就近引入绿化带中。全透式混凝土路面具体建设方式如图 14-24（b）所示。鉴于新疆戈壁料丰富，本次全透式混凝土路面路基垫层采用天然戈壁料代替常用的级配碎石。

屋顶雨水收集利用设施。屋面雨水收集利用是海绵城市建设非常重要的一部分，城市建筑屋面雨水由于受污染相对较少，水质较好，一般稍加处理即可利用，收集到的雨水可以直接用于冲洗道路、浇灌绿地等。屋顶雨水经雨水立管进入初期弃流装置，经过初期弃流的雨水经独立设置的雨水管道流入蓄水池，雨水在池中经过过滤、沉淀后再利用。考虑

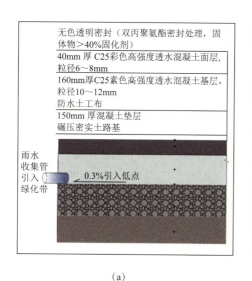 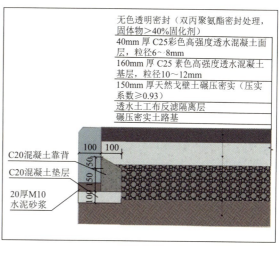

(a)　　　　　　　　　　　　　　(b)

图 14-24　彩色全透式、半透式透水铺装结构示意图

到新疆降雨量小，本蓄水池的设计规模，结合《西北地区（以乌鲁木齐市为典型）雨雪水收集利用模式研究报告》的集中蓄集利用模式优化与成本效益分析研究，每 $1000m^2$ 屋顶配备 $1.2m^3$ 调蓄池时经济效益最大。灭火住宅小区的建筑面积约为 $4200m^2$，因此采用 $7m^3$ 的调蓄池（图 14-25）。

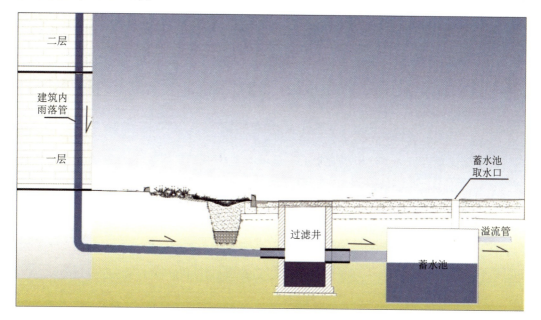

图 14-25　屋顶雨水收集利用系统示意图

生态多孔纤维棉。针对生物滞留等滞蓄型雨水控制利用设施持水性能较差、灌溉用水量大等问题，将传统填料层换成多孔纤维棉，生态多孔纤维棉通过替代硬质透水材料参与海绵城市建设，由这些大孔隙透水材料为基础的透水铺装结构是海绵城市改造的重要措施之一，充分利用多孔纤维棉较强的蓄水、持水、保水能力等特征。生态多孔纤维棉与岩棉、矿棉相比，其最大的不同是表面由憎水剂改为亲水剂，其在同等条件下与黏土、砂相比，能在短时间内达到水饱和，能够就地或者就近吸收、存蓄、渗透、净化雨水；而在降雨停止后，又能将自身吸收的水分释放到周围的黏土和砂土中，补充周围土壤的水分，供给植被生长，这是一个自然的过程，几乎不需要借助外力。此外，作为无机材料还可以抵抗植物根系的侵蚀（图14-26）。

图14-26 生态多孔纤维棉

以中央绿地为核心，结合景观提升，将其打造为兼具雨水收集和提供休息娱乐场地双重功能的场所。同时针对现状路面破损问题，对路面进行"白改黑"工程，将现状停车场改造为生态透水停车场。沿建筑雨落管设置高位花坛，沿道路设置线型排水沟，将屋面和路面的雨水截流至雨水花园中，超标雨水通过溢流口排入市政雨水管道中（图14-27）。

以汇水分区为单位，按照75%年径流总量控制率对应的设计降雨量计算各个汇水分区所需要的调蓄容积（表14-5、表14-6）。

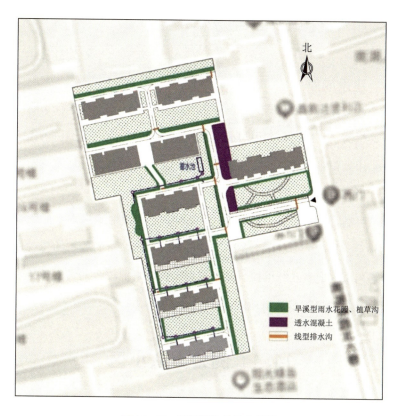

图 14-27 海绵设施总体布局图

汇水分区海绵设施规模　　　　　　　　　　　　　　表 14-5

汇水分区	建筑屋面（m²）	硬化路面（m²）	透水铺装（m²）	普通绿地（m²）	旱溪型雨水花园（m²）	旱溪型植草沟（m²）	总面积（m²）
1	1862.64	2138.44	193.22	3491.38	283.29	91.88	8060.85
2	1685.16	2815.68	82.56	3324.66	150.03	181.04	8239.13
3	660.09	1514.82	425.41	1638.94	0	113.20	4352.46
合计	4207.89	6468.94	701.19	8454.98	433.32	386.12	20652.44

汇水分区设计参数　　　　　　　　　　　　　　表 14-6

汇水分区	总面积（m²）	综合雨量径流系数	设计调蓄容积（m³）	实际调蓄容积（m³）	控制降雨量（mm）	年径流总量控制率
1	8060.85	0.49	37.65	66.20	16.88	90%
2	8239.13	0.52	41.13	67.17	15.68	89%
3	4352.46	0.49	20.56	25.57	11.94	81%
合计	20652.44	0.50	99.35	158.94	—	87.7%

根据量化计算结果，项目的年径流总量控制率为 87.7%，可以实现控制目标要求。根据本项目的技术路线图，屋顶降雨、绿地降雨和路面降雨均迅速传输进入蓄水池和绿地

中，因此，本项目年径流总量的利用率也为 87.7%。

14.3.3　建设成效

本项目以小区的管线老化堵塞及屋顶漏水问题为契机，充分考虑西北地区降雨量少的自然情况，以科学的"集中蓄集利用与成本效益分析研究"为依据，引入集中蓄集利用模式，创新性地采用"雨水走地表、污水走地下"为主要建设理念，从实际情况出发，理论与实践相结合，完成了本项目的海绵化改造。

此外，该项目结合本地气候、资源和本底条件，利用西北地区丰富的戈壁料替代常用的道路碎石结构层，打造旱溪型雨水花园、植草沟以降低绿植的养护和管理成本，在局部绿地中将传统填料层换成多孔纤维棉，充分利用多孔纤维棉较强的蓄水、持水、保水能力等特征，打造能自然"保"水的绿地。

14.4　测绘大队小区

14.4.1　项目概况

测绘大队小区（测绘大队家属院）位于水磨沟区七道湾南路东侧，占地面积 3.9hm^2，为老旧小区改造类项目（图 14-28）。项目于 2022 年完成，海绵设施相关投资 29.94 万元，

图 14-28　项目区位、现状下垫面图

为老旧小区改造类项目。测绘大队家属院主要包括15栋居民楼，绿地较为集中。整体上建筑密度约为16.86%，通过加权平均计算，项目现状综合雨量径流系数为0.62（表14-7）。

现状下垫面分析表　　　　　　　　　　　　　　　　　表14-7

下垫面类型	面积（m²）	比例	雨量径流系数
建筑	6530.10	16.86%	0.85
绿地	12025.50	31.04%	0.15
不透水路面	19135.40	49.40%	0.85
透水路面	1047.20	2.70%	0.25
合计	38738.20	100.0%	0.62（综合）

测绘大队家属院地势南高北低，南北向的整体坡度相对较大，坡度约为3%，东西向的整体坡度较缓，坡度小于1.5%。项目现状排水体制为雨污合流制，小区道路的雨水均通过现状的雨水箅子直接排入污水管网，小区建筑屋顶雨水汇入建筑内部的污水管后直接排至小区污水井内，现状绿地分散较广且存在密林。小区道路、排水管网和屋顶防水于2020年完成改造，机动车道路面已铺设了沥青混凝土，人行道已铺设了透水砖。

改造前的测绘大队家属院主要存在以下几方面问题：

（1）雨污分流改造难以落地。测绘大队家属院现状为雨污合流制，道路雨水经雨水口汇入小区管径为D300~D400的污水管网后往南排入华瑞街的市政管网，老旧小区的海绵化提升改造作为"源头减排"中非常重要的组成部分，需减少小区的雨水汇入市政道路管网中。因此，小区需要进行雨污分流改造，但由于小区道路和排水管网已于2020年完成改造，不宜二次进行大的改造，需避免扰民伤财，传统的雨污分流改造方式难以落地。

（2）小区绿地面积较大，管养成本较高。测绘大队家属院的绿地面积为12025.5m²，占小区总面积的31.04%。小区绿地每年的复植和养护成本不低，部分绿地种植土裸露（图14-29）。

图14-29　改造前小区实景

14.4.2　建设方案

根据《乌鲁木齐市海绵城市专项规划（2022-2035年）》，测绘大队家属院海绵城市建设的设计目标为：①年径流总量控制目中，年径流总量控制率为85%，对应的设计降雨量为13.4mm；②径流污染控制目标中，年SS削减率不低于47%。

由于本小区的建筑屋顶防水已于2020年完成改造，建筑排水并无分管排水而是共用一根污水竖管，为避免二次进场进行大的改动导致劳民伤财，本小区建筑屋顶雨水汇入建筑内部的污水管后直接排至小区污水井内。本项目采用"分散渗蓄为主"的利用模式，小区的设计目标主要通过绿地降雨和路面降雨的"间接利用"来实现。路面雨水一是通过线型排水沟截流和路缘石开口分散引入旱溪型植草沟最终转输至旱溪型雨水花园或下沉式绿地；二是通过现状雨水口进口端和出口端的改造转输至旱溪型雨水花园或渗水井；三是人行道通过已完成的透水铺装改造使雨水下渗实现控制，多余的雨水溢流排放。本小区通过绿化复植、旱溪型雨水花园打造等措施提升小区的整体景观效果。针对海绵设施相关指标进行复核计算，对设施规模进行测算，量化评估项目建设效果（图14-30）。

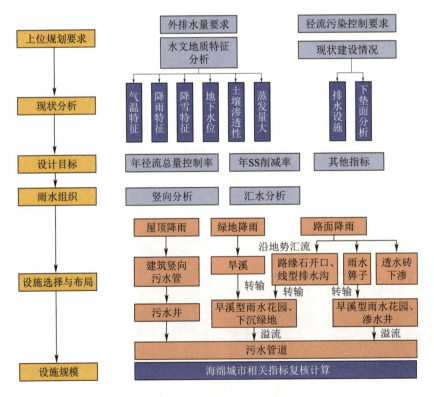

图14-30　项目技术路线图

为保障设计的各类雨水设施高效发挥控制作用，根据场地竖向高程、雨水管网布置以及海绵设施的潜在位置，将场地划分为3个汇水分区（表14-8、图14-31）。

汇水分区下垫面情况统计表（单位：m²） 表14-8

汇水分区	不透水路面	透水路面	绿地	建筑	面积
1	5096.8	0	7149	1410.4	13656.2
2	4169.4	139.2	1187.6	1022.3	6518.5
3	4237.7	664.4	484.9	2184.6	7571.6
4	5631.5	243.6	3204	1912.8	10991.9
合计	19135.4	1047.2	12025.5	6530.1	38738.2

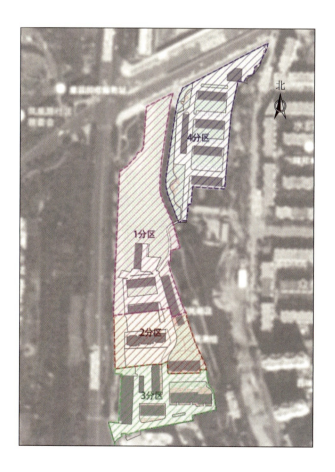

图14-31 汇水分区图

通过现状问题分析和场地分析，结合测绘大队家属院的实际情况，本次改造适用于本项目的海绵设施和做法主要有旱溪型雨水花园、开口路缘石、线型排水沟、雨水口/排水沟进出口端改造、渗水井等。

旱溪型雨水花园。旱溪型雨水花园就是不放水的溪床，人工模仿自然界中干涸的河床，配合植物的营造在意境上表达出溪水的景观。在进行人工造溪的时候，先进行素土夯实，再用戈壁料作为垫层，随后覆盖卵石，最后把景观覆盖物覆盖上去。这样，即使在没有水的时候，露出来的依然是一种景观（即覆盖景观），避免了无水时景色不佳的状况出现（图14-22）。

线型排水沟。线型排水沟是收集地面雨水的重要设施，小区道路雨水可通过线型排水沟实现雨水的截流和传输。本小区南北向的整体坡度相对较大，坡度约为3%，由于南北向小区主路上并无布置雨水口，新增的侧向开口路缘石有限且收水效果较差，地表径流较大，在小区主路的陡坡与缓坡之间的变坡点处设置线性排水沟进行截留处理，使雨水得到高效的汇流和转输。通过量化计算，本项目选用的线型排水沟的宽度为15～25cm，深度为15～20cm。此外，线型排水沟的敷设应满足3‰的竖向坡度，保障输水效果。

雨水口/排水沟进出口端的改造。雨水口/排水沟指的是管道排水系统汇集地表水的设施，在雨水管渠或合流管渠上收集雨水的构筑物，由进水箅子、井身及支管等组成。雨水口是雨水进入城市地下的入口，收集地面雨水的重要设施。由于本小区的道路、排水管网和屋顶防水于2020年完成改造，雨水口/排水沟作为本小区重要的雨水系统的基本组成单元，小区内部的道路、广场，甚至一些建筑的雨水首先通过进水箅子汇入雨水口/排水沟，再经过连接管道流入市政管网。本着生态优先的原则，小区的"海绵城市"建设并不是推倒重来取代传统的排水系统，而是对传统排水系统的一种"减负"和补充，最大限度地发挥城市本身的作用。本项目因地制宜，在不废除现状雨水口/排水沟的前提下，创新性地提出了雨水口/排水沟进出口端改造的新思路，在尽可能减小改造范围情况下，采用混凝土封堵住原进入雨水井的端口，将雨水口/排水沟的出口端引至周边的旱溪型雨水花园或渗水井，多余的水最终从溢流口进入排水系统中，既保留了小区原本的传统排水设施，新增的路缘石开口、线型排水沟等海绵设施又对传统排水设施进行了"减负"和补充（图14-32）。

以汇水分区为单位，按照85%年径流总量控制率对应的设计降雨量计算各个汇水分区所需要的调蓄容积，进而确定海绵设施规模（图14-33、表14-9）。

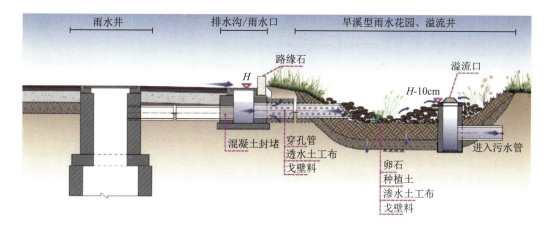

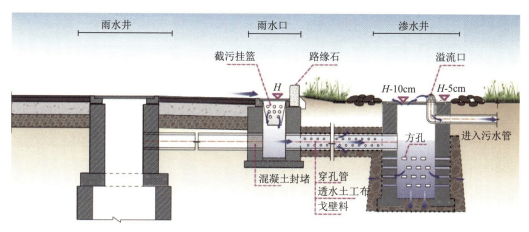

图 14-32 雨水口/排水沟进出口端的改造图

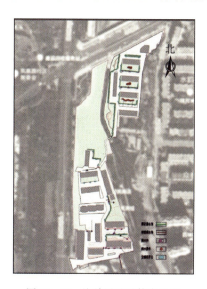

图 14-33 海绵设施总体布局图

各汇水分区调蓄容积计算表　　　　　　表14-9

汇水分区	1	2	3	4	合计
总面积（m^2）	13656.20	6518.50	7571.60	10991.90	38738.20
建筑屋面（m^2）	1410.40	1022.30	2184.60	1912.80	6530.10
硬化路面（m^2）	5096.80	4169.40	4237.70	5631.50	19135.40
透水铺装（m^2）	0	139.20	664.40	243.60	1047.20
普通绿地（m^2）	6124.30	659.20	0	2655.20	9438.70
下沉绿地（m^2）	1024.70	528.40	484.90	548.80	2586.80
渗水井（m^3）	2.40	1.20	0	2.40	6.00
综合雨量径流系数	0.48	0.71	0.75	0.63	0.62
设计调蓄容积（m^3）	88.49	61.99	76.35	93.19	229.26
实际调蓄容积（m^3）	141.76	73.06	65.95	77.04	357.81
控制降雨量（mm）	21.47	15.79	11.57	11.08	—
年径流总量控制率（%）	94.50	89.00	81.00	79.00	86.50

植物的选择应符合绿地总体设计的安全、功能需求。适地适树，耐涝，在不同雨水、雪水调蓄情况下能正常生长。本项目涉及下沉式绿地植物宜选用耐涝且有一定耐旱能力的品种；雨水花园所用植物应耐湿抗污染，有一定耐盐碱性能。综上，本项目选择了鸢尾、菖蒲等植物。

14.4.3 建设成效

本项目的海绵城市改造本着生态优先、因地制宜、问题导向、分区控制的原则，充分利用现状的雨水设施，保留并利用了小区原本的传统排水设施，同时，新增的路缘石开口、线型排水沟等海绵设施又对传统排水设施进行了"减负"和补充。通过合理的雨水组织，实现了雨污分流、雨水利用、涵养地下水等多重效益（图14-34）。

本项目以生态优先、因地制宜为主要基本原则，充分结合小区本底条件，采用"分散渗蓄为主"的雨、雪水利用模式，以微改造为主，减少对居民的影响。通过创新性地改造现状雨水口/线型排水沟的进口端和出口端，将雨水汇入旱溪型雨水花园和渗水井中，增设路缘石开口分散引流、线型排水沟末端集中截流，将雨水引入旱溪型植草沟并转输至旱溪型雨水花园或下沉式绿地，实现了"雨水走地表、污水走地下"的建设理念。此外，项目结合本地气候、资源和本底条件，利用西北地区丰富且造价低的戈壁料替代常用的道路碎石结构层，打造的旱溪型雨水花园、植草沟，降低绿植的养护和管理成本。

图 14-34 改造后效果图

第 15 章

管控平台

为评估城市排水系统运行状况，提升城市水务智慧化管理水平，乌鲁木齐市建设了排水管网监测管控平台，通过建立"源头—过程—终端"的监测网络体系，为设施运行情况的应急管理决策提供参考。

15.1 总体架构

15.1.1 综合监测层级划分

为建立完善的监测和预警体系，综合监测分为"全域—分区—项目—设施"四个层级，在乌鲁木齐市中心城区、排水分区、河道水体、典型项目及相关设施等要素选择适宜的监测点，安装在线雨量计、在线液位计、在线流量计、在线SS检测仪、视频监控等设备，构建监测网络。

1. 全域层级

全域层级监测应以获取乌鲁木齐市中心城区所涵盖的相关流域气象、水文数据为目的，通过收集乌鲁木齐市内现有的气象、水文、环保监测站点的位置信息、现有的降水（降雨量、降雪量）及河湖水系水位、流量、水质、地下水潜水水位等监测数据（包含即将扩展的相关监测站点信息和监测数据），对城市开发建设与流域水文条件之间的相互影响进行评价。

2. 分区层级

排水分区出口、雨水排口的流量及水质：对重点建设区范围及河马泉新区子排水分区进行监测，用于排水分区年径流总量控制率的评估工作，同时未来可以用于分析排水管网运行状态。冒溢点：在历史冒溢点、重点区域进行液位及视频监控，一旦发生监测液位达到液位超高警戒线或视频发现区域出现内涝的情况，将进行全方位内涝预报警，避免内涝、冒溢流事故的发生，或缩短内涝事故的时间，同时也将作为冒溢点个数消除指标的重要考核依据。同时，还将在主要冒溢点上、下游管网内进行管网流量监测，掌握冒溢点周围管网流量动态，摸清排水管网运行规律，支撑管网改造和模型率定等工作。

3. 项目层级

在典型项目的出水口，根据项目工程量与项目性质，进行流量监测，作为源头监测数据，支持海绵城市考核指标及时溯源。

4. 设施层级

在典型设施，如下沉式绿地、植草沟等，依据设施主要功能进行设施出口的流量监测，评估不同设施的径流总量控制率，并结合乌鲁木齐市开展的低影响开发各项相关专项研究，评估、率定各单项设施的控制效果等，积累科学经验，指导后续海绵城市建设中相关典型设施的设计和实施。

15.1.2 监测设施布局

根据综合监测层级划分，通过监测雨、雪量、排水分区、冒溢点液位、典型项目、设施排口的液位和流量，评估排水系统的运行状况和海绵城市建设效果。（表15-1、图15-1）。

在线监测设备汇总 表15-1

层级	监测类型	液位计	流量计	SS检测仪	雨量计	雪量计	视频设备
全域	雨、雪量				18	6	
分区	分区出口		2	2			
	冒溢点	27	31				27
项目	项目排口		21	2			
设施	设施排口		1	1			
合计		27	55	5	18	6	27

15.2 系统功能

15.2.1 海绵城市建设监测平台

海绵城市建设监测平台主要包括：数据资源中心管理子系统、监测管理子系统、项目监管子系统、考核评估子系统、系统及运维管理子系统，并预留其他系统接口（图15-2）。

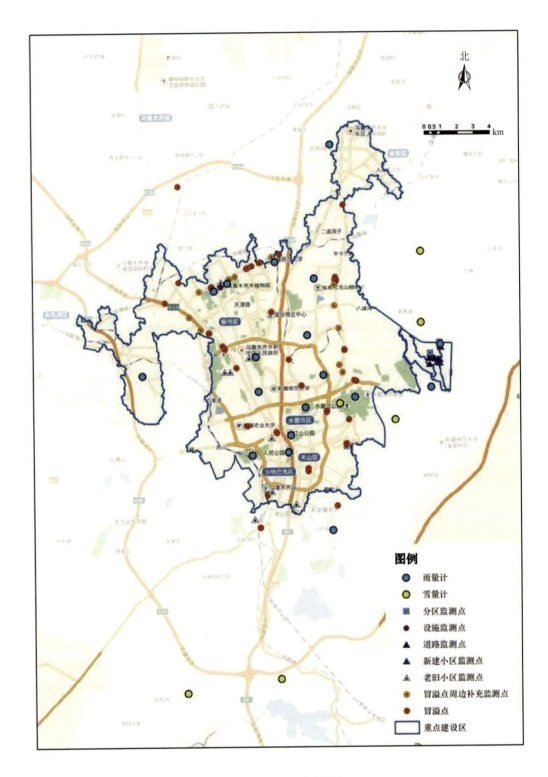

图 15-1 监测点位布局图

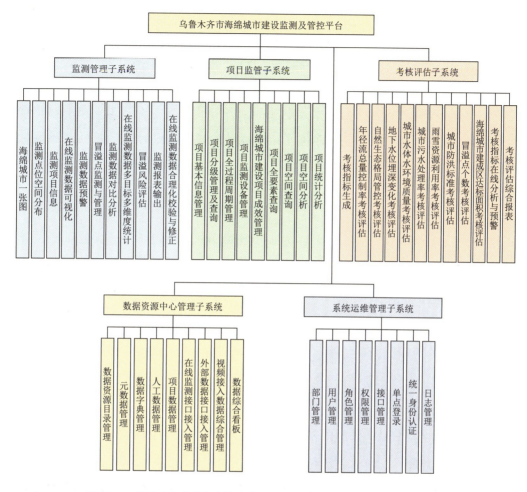

图 15-2 乌鲁木齐市住房和城乡建设局海绵城市建设监测平台功能结构图

1. 数据资源中心管理子系统

数据资源中心建设主要包括数据资源与服务体系建设、数据资源中心管理子系统建设两部分建设内容。其中数据资源与服务体系建设主要实现数据资源的存储规划设计、各类数据的标准体系建设、综合数据库的库表结构设计、数据共享服务规划设计等内容；数据资源中心管理子系统主要针对数据资源管理和应用的要求，设计开发方便用户对各类数据进行资源管理和使用的管理维护系统，数据资源中心管理子系统的功能支持本系统数据资源和服务的全流程管理。数据资源中心管理子系统功能模块主要包括：数据资源目录管理、元数据管理、数据字典管理、人工数据管理、项目数据管理、在线监测接口接入管理、外部数据接口接入管理、视频接入数据综合管理、数据综合看板（图15-3）。

图 15-3 综合看板界面

2. 监测管理子系统

监测管理子系统对所有监测数据进行统一管理和维护，获得各级的相关监测数据，根据各级之间的连接关系相互校核、验证，可科学全面地分析乌鲁木齐市海绵城市实施效果，掌握系统运行状态。乌鲁木齐市海绵城市监测内容按递进关系分为区域监测、排水分区监测、项目监测、下垫面监测。现场在线仪表采集的各类监测和运行数据，通过综合监测子系统进行综合监测显示和管理，为业务应用系统提供在线数据支撑。监测管理子系统功能模块主要包括：海绵城市一张图、监测点位空间分布、监测项目信息、在线监测数据可视化、监测数据预警、冒溢点监测与管理、监测数据对比分析、在线监测数据多目标多维度统计、冒溢风险评估、监测报表输出在线监测数据合理化校验与修正（图15-4、图15-5）。

图 15-4 实时监测数据显示功能界面

图 15-5　海绵城市一张图

3. 项目监管子系统

项目监管子系统提供海绵城市建设项目的属性信息、位置信息、设施建设信息等内容的管理，及时上报项目建设进度等内容，方便海绵城市建设管理部门对项目进行分级、分类、分阶段查询，对项目进行全过程信息的跟踪，对项目进行全要素的查看，以此为基础进行有效监控，进而对海绵城市建设各类设施的运行维护与优化改造提供指导作用。提供数据表、趋势线、分布图等多种数据展示方式，定制化开发统计分析报表，并支持报表输出。项目监管子系统功能模块主要包括：项目基本信息管理、项目分级管理及查询、项目全过程周期管理、项目监测设备管理、海绵城市建设项目成效管理、项目全要素查询、项目空间查询、项目空间分析、项目统计分析（图 15-6、图 15-7）。

4. 考核评估子系统

考核评估子系统的考核评估指标体系参考住房城乡建设部发布的《海绵城市建设绩效评价与考核办法（试行）》和《海绵城市建设评价标准》GB/T 51345—2018，紧密围绕《乌鲁木齐市系统化全域推进海绵城市建设示范城市实施方案》（2021-2023）和示范城市绩效目标表中的指标要求，综合运用在线监测数据、填报数据、系统集成数据等，逐项细化分解，建立考核评估指标体系，支持海绵城市建设效果的全方位、可视化、精细化评估，实现海绵城市建设效果（关键指标）的逐级追溯、实时更新，并通过多种展示方式进

图 15-6 项目基本信息管理界面示例

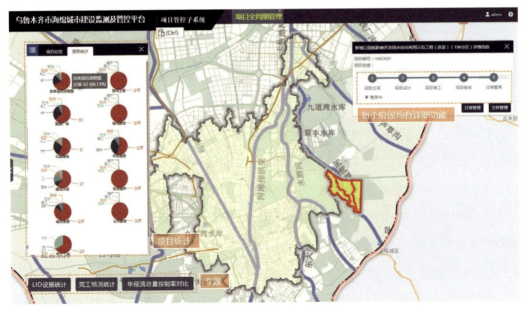

图 15-7 项目全要素查询界面示例

行考核评估指标（各项指标）的综合展示、对比分析等。对考核指标进行细化分解，提出各项指标的详细计算体系，利用统计分析、多点对比等方法研发相关算法，配置考核评估参数，开发考核评估指标动态计算引擎，并支持算法和引擎的动态升级与维护，实现在线计算及考评。考核评估子系统功能模块主要包括：考核指标生成、年径流总量控制率考核评估、自然生态格局管控考核评估、地下水位埋深变化考核评估、城市水体水环境质量考核评估、城市污水处理率考核评估、雨雪资源利用率考核评估、城市防洪标准考核评估、冒溢点个数考核评估、海绵城市建成区达标面积考核评估、考核指标在线分析与预警、考核评估综合报表（图15-8、图15-9）。

图15-8 考核任务管理界面

5. 系统运维管理子系统

系统运维管理子系统实现对软件系统整体运行环境、初始化配置、角色权限等的统一管理，维护系统的安全性和稳定性。系统管理子系统功能模块主要包括：部门管理、用户管理、角色管理、权限管理、接口管理、单点登录、统一身份认证、日志管理（图15-9）。

图15-9 接口管理界面

15.2.2 数据处理与存储

1. 数据来源

乌鲁木齐市海绵城市建设监测与考核平台的主要数据来源有三种：一是依托本项目构建的前端物联网感知系统自动监测获取的各类实时监测数据；二是通过乌鲁木齐市智慧城市平台数据服务接口、市政各相关部门已有系统的数据接口获取支撑乌鲁木齐市海绵城市建设监测与考核平台建设的各类基础和业务数据；三是通过外部购买和从相关部门及权属（运营）单位调研收集的各类支撑本系统建设的数据（图15-10）。

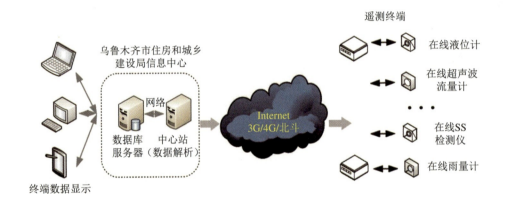

图 15-10 数据来源

2. 主要业务流程

管控平台涉及的主要业务流程包括：海绵城市建设绩效评价与考核流程、海绵城市项目绩效评价流程、城市冒溢点应急处理流程、海绵城市建设长效管理流程等。

海绵城市项目绩效评价业务流程是开发系统对海绵项目从专项规划、海绵设计、海绵施工到运营管养整个生命周期进行管理。收集海绵城市项目的组织信息、规划信息、设计信息、施工信息，方便海绵城市建设管理部门对项目进行全过程的跟踪，了解项目的进展情况，及时发现隐蔽工程存在的问题，实现对海绵城市建设的有效评估和监控，提高海绵城市项目设计和建设质量，保障整体效果。规划、设计方案、施工图等阶段的项目审核，包括全流程的电子化审核和方便的模型支持。在海绵城市项目中实施实时监测，为项目绩效评价提供基础数据支撑（图15-11）。

城市冒溢点应急处理对现有冒溢点进行水位和视频监控；对数据进行趋势分析，对监测电量、通信以及水位达到预警水位等现象进行报警；以多种方式发布预警消息，最大范

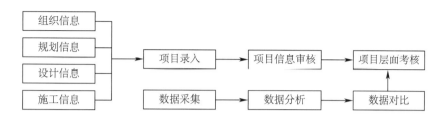

图 15-11 海绵城市项目绩效评价流程

围地让公众收到预警消息，避免生命财产损失；合理调配抢险队伍、物资等，迅速指挥进行排水抢险（图 15-12）。

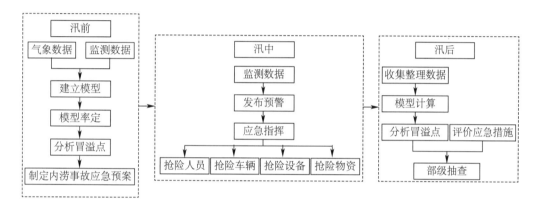

图 15-12 城市冒溢点应急处理流程

海绵城市建设长效管理流程包括规划、设计方案、施工图等阶段的项目审核，包括全流程的电子化审核和方便的模型支持。海绵城市建设是一个涉及市政、水利、环保、建设、国土等多行业的综合性工程，包括植被、道路、水系、小区等基础数据和雨水污水管网、低影响开发设施等海绵设施，还包括施工项目空间位置、信息等数据，将基础数据与海绵城市施工项目有效、完整地叠加于一张图，实现"海绵城市一张图"，宏观展现海绵城市试点区地上、地下空间详细信息，直观展示海绵城市规划、建设、运营情况。可为日常工作和考核评估提供功能强大的电子地图。将海绵城市制度建设、组织机制等政策文件以及定期例会等文件进行统一管理，建立海绵城市建设推进的工作平台（图 15-13）。

3. 数据共享

在信息化建设过程中，各职能部门通常采用不同的技术和体系结构来构建自身的信息系统，虽然为各自业务发展起到了很好的促进作用，但各信息系统数据独立存储形成一个个信息孤岛，使得各业务系统之间很难实现数据共享，严重制约着政府各职能部门、业务

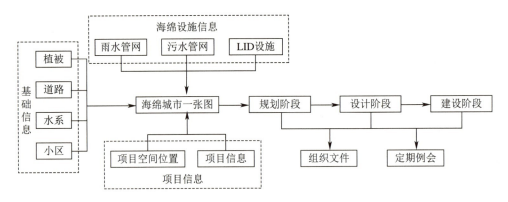

图 15-13　海绵城市建设长效管理流程

系统之间的协作及工作效率的提升。遵循标准的、面向服务架构（SOA）的方式，基于先进的企业服务总线 ESB 技术，遵循先进技术标准和规范，为跨地域、跨部门、跨平台不同应用系统、不同数据库之间的互联互通提供包含提取、转换、传输和加密等操作的数据交换服务，实现扩展性良好的"松耦合"结构的应用和数据集成；同时要求数据共享交换平台，能够通过分布式部署和集中式管理架构，有效解决各节点之间数据的及时、高效上传和下达，在安全、方便、快捷、顺畅地进行信息交换的同时精准地保证数据的一致性和准确性，实现数据的一次采集、多系统共享（图 15-14）。

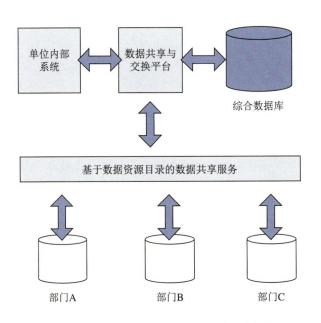

图 15-14　基于数据资源目录的数据共享服务架构图

乌鲁木齐市管控平台利用多种基础性地理信息服务，通过系统提供的业务定制服务，对界面、功能进行组合，打包形成一个基于地理信息平台或独立于平台运行的、可供各业务单位使用的地理信息系统或模块，以满足各业务单位的不同需求。共享数据实现 OGC 标准服务，包括 WMS、WFS、WCS、WPS 和图片缓存服务、目录服务、元数据服务等（图 15-15）。

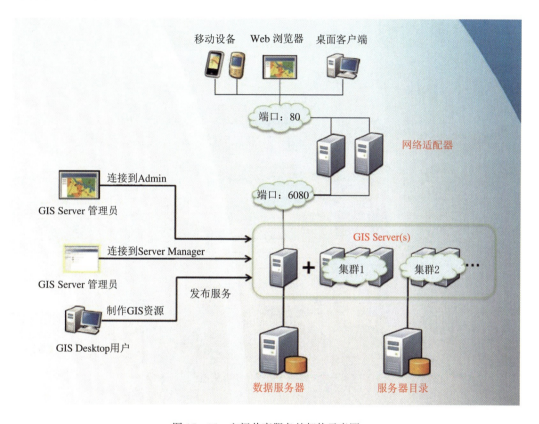

图 15-15 空间共享服务的架构示意图

第 16 章

创新研究

16.1 雨雪资源利用模式

16.1.1 西北干旱地区雨水径流水质特征

中国西北干旱地区系指35°N以北，106°E以西的内陆干旱区，包括新疆维吾尔自治区全部地区、甘肃省河西走廊、宁夏回族自治区北部地区、青海省柴达木盆地和内蒙古自治区西部地区等，约占国土面积的24.5%。由于其深居亚欧大陆腹地，平均年降水量在150mm以下，基本不产生地表径流，是世界上最干旱的地区之一。随着国家西部大开发工作的实施，西北干旱地区在中国西部资源开发和经济发展中的地位将更加突出。因此，要实现西北干旱地区保护生态环境的目标，就必须从水资源的合理开发利用与改善水条件起步，重新认识、评价干旱区水资源开发利用的现状、面临的问题，建立符合西北干旱地区社会经济发展目标的水资源可持续开发利用对策。通过调研西北干旱地区兰州、银川、乌鲁木齐等10个城市的雨水径流的水质污染特征，总结其污染特性及污染来源，思考西北干旱地区其他水资源的利用潜力（图16-1）。

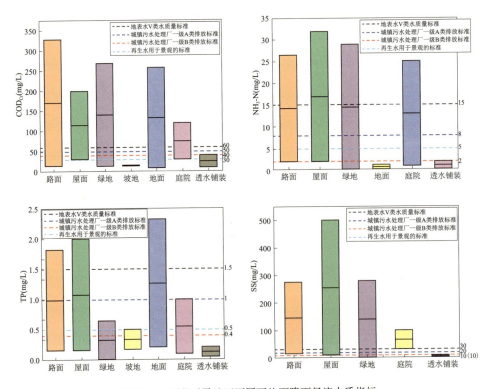

图16-1 西北干旱地区不同下垫面降雨径流水质指标

综上所述，不同下垫面的雨水径流水质污染情况差异很大，不同地区的下垫面划分程度不同，污染物的来源不同，下垫面不同的污染程度会对雨水径流的污染强度产生影响。屋面径流主要以悬浮物、有机物及含氮污染物为主，路面径流以悬浮物和有机物污染为主，绿地径流中含磷污染物普遍高于屋面和路面径流，这主要与不同下垫面中污染物来源相关，屋面作为大气干湿沉降的汇，并且受到屋面材料析出物的影响，因此其径流中COD、SS、NH_3-N、TN等物质浓度较高；路面雨水径流主要受到交通等诸多人类活动的影响，以SS和COD污染为主；绿地径流污染程度相对最低，但TP相对其他下垫面较高，尤其是商业区，其原因可能是降雨径流对绿地土壤的冲刷、植物腐解、宠物粪便以及人工施肥等。

16.1.2 乌鲁木齐市典型下垫面积雪污染特征

原状雪为降雪时段积雪表层覆盖的新降雪，其中污染物主要来源为大气中的湿沉降过程。各下垫面原状雪中COD、TP、TN、NH_3-N平均浓度分别为50.71mg/L、0.16mg/L、5.87mg/L、4.8mg/L，其中TN、NH_3-N浓度最高值出现在老旧小区的绿地，分别为7.9mg/L和7.2mg/L，TP浓度的最高值出现在公园，其值为0.21mg/L。不同下垫面中NH_3-N浓度差异相对较大，说明城市不同区域空气中的NH_3-N分布差异较大，大气中的含氮化合物等可能来自工业排放和交通尾气；不同类型下垫面之间TP和TN浓度差异不显著，说明空气中的TN和TP分布相对均匀。除TP浓度高于《地表水环境质量标准》GB 3838—2002 Ⅱ类限值（0.1mg/L）外，COD、TN、NH_3-N浓度均高于《地表水环境质量标准》GB 3838—2002 Ⅴ类限值（10mg/L、2.0mg/L、2.0mg/L）（图16-2）。

不同下垫面积雪中COD、TP、TN、NH_3-N平均浓度分别为363.83mg/L、0.68mg/L、13.94mg/L、4.38mg/L。上述各指标浓度均高于《地表水环境质量标准》GB 3838—2002 Ⅴ类限值（10mg/L、0.4mg/L、2.0mg/L、2.0mg/L）。不同下垫面积雪中TP呈现明显的随交通量上升浓度升高的变化趋势，其平均浓度大小为新建小区（0.279mg/L）＜公园（0.38mg/L）＜广场（0.5mg/L）＜老旧小区（0.615mg/L）＜堆雪场（0.72mg/L）＜市政道路（0.83mg/L）。TN的平均浓度在堆雪场最高，为16.7mg/L，公园积雪最低，为5.9mg/L；NH_3-N平均浓度在广场积雪最高，为6.1mg/L，在堆雪场中最低，为2.17mg/L，TN和NH_3-N与交通量没有呈现一定的规律，原因可能为氮氧化物（NO_x）多为较轻质的气态，易于扩散，且N的来源广泛，例如交通排放、动物粪便、食物残渣等，这也是导致污染源较复杂的人行道积雪中TN含量最高（42mg/L）的原因。综上分析，积雪的污染程度远高于原状雪，为降

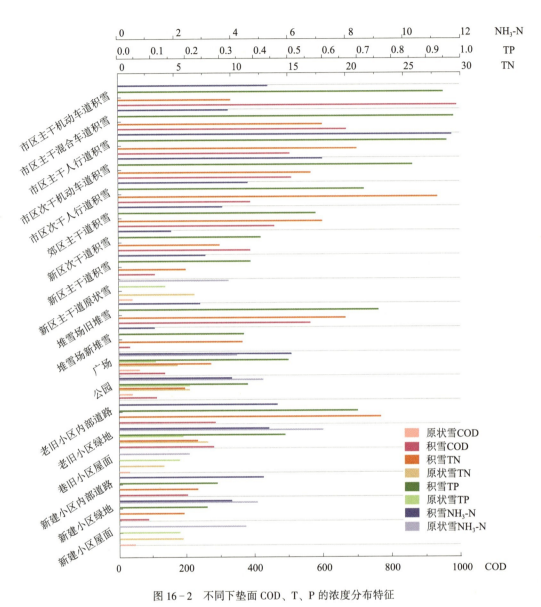

图16-2 不同下垫面COD、T、P的浓度分布特征

低融雪径流的水质污染,避免恶化水体水质,应重视对下垫面积雪的净化处理。

积雪中颗粒物的粒径分布是一个重要参数,决定其携带污染物的能力。建筑小区积雪d90(47.2~1060μm)和道路积雪d90(12.9~2230μm)范围差异较大,说明建筑小区和城市道路积雪中颗粒物的上限粒径差异较大,积雪中颗粒物的尺寸分布显著不均;公园广场积雪的d90(1670~2270μm)范围较小,颗粒物最大粒径差异较小,颗粒物尺寸分布相对均匀。不同下垫面积雪中颗粒物d10和d50范围差异较小,其中建筑小区积雪d10范围为0.4~3.39μm,d50范围为6.91~21.9μm;公园广场积雪d10范围为0.05~5.53μm, d50 范围为 14.3~337μm；道路积雪 d10 范围为 0.05~9.67μm，d50 范围为 3.42~195μm，说明各下垫面积雪中颗粒物的中值粒径与有效粒径相对均匀且稳定。对比 d90 和 d50 可知，积雪中的小粒径颗粒物占比较高，50% 的颗粒物粒径在 350μm 以下。原状雪 d10（1.25~664μm）、d50（13.8~1480μm）、d90（40.8~2550μm）（图 16-3）范围均大于各下垫面积雪，说明原状雪中颗粒物的粒径总体大于积雪，原因可能为降雪过程中颗粒物在气流作用下多次碰撞摩擦和聚集，导致粒径增大，在堆积过程中这种聚集作用减弱，颗粒物在润湿和昼夜循环冻融的过程中粒径逐渐减小。

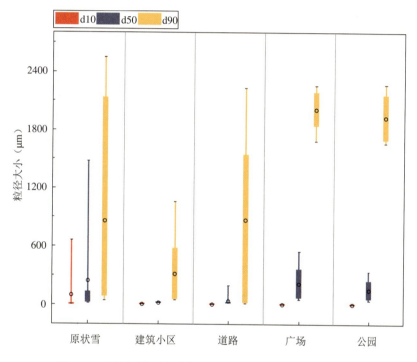

图 16-3　不同下垫面积雪中颗粒物的 d10、d50、d90 分布特征

各采样点颗粒物分布质量占比情况如图 17-4 所示，原状雪和积雪中的颗粒物粒径范围为 0.01~3000μm，各采样点粒径<20μm 的颗粒物占比为 6.06%~94.25%，其中原状雪中平均占比为 42.11%，积雪中平均占比为 60.63%，道路积雪中的平均占比最高，为 69.79%，市区主干道人行道旁绿化带积雪中占比达到 94.25%；在公园广场积雪中的平均占比较低，为 33.43%。粒径在 20~100μm 的颗粒物占比为 3.18%~45.67%，其中原状雪中平均占比为 30.33%，积雪中平均占比为 19.11%，建筑小区积雪中的平均占比最高，为 27.79%；道路积雪中的平均占比最低，为 13.92%。粒径在 100~200μm 的颗粒物占比为 0~18.38%，原状雪和积雪中的平均占比均为 3.36%。粒径>200μm 的颗粒物占比为 0~

90.31%，原状雪中平均占比为24.2%，积雪中平均占比为16.19%，在新建小区的屋面原状雪中占比最高，为90.31%。综合上述分析，原状雪中的颗粒物粒径总体大于积雪中的颗粒物粒径。各采样点雪样中的颗粒物主要以<100μm的小粒径物质存在，其中建筑小区和市政道路积雪主要以<20μm粒径的颗粒物为主，道路下垫面中的颗粒物总体粒径小于其他下垫面，公园广场和堆雪场中的粒径分布相对均匀。不同下垫面中的颗粒物粒径分布与其来源、下垫面特点、道路清扫方式与频率等因素有关，降雪在地表积累时间不同，对其粒径的分布也会产生重要影响（图16-4）。

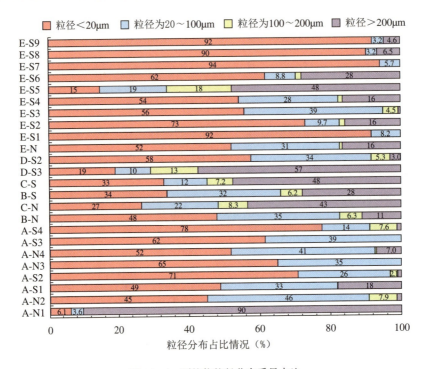

图16-4 颗粒物粒径分布质量占比

重金属因其在环境中易富集、难降解，是近年来环境污染防治领域的研究热点之一。目前关于环境中重金属的研究主要集中于雨水径流与土壤方面，关于积雪中重金属污染特征尚缺乏系统研究。乌鲁木齐市不同下垫面降雪与积雪样品的pH及不同重金属污染特征分析中，所选取的采样点雪样pH为6.36~7.94，大于酸雨界限值（pH=5.6）。建筑小区内各重金属含量均低于其他下垫面，但老旧小区的道路下垫面积雪中各重金属含量均较高，其中Fe（602.68μg/L）、Cu（148.82μg/L）、Zn（39.64μg/L）、Ni（9.47μg/L）、Cr（3.02μg/L）的含量均远高于积雪中的各指标平均含量，原因可能为老旧小区的道路没有进行人车分流，污染物来源复杂，路面铺装老化破损，且清扫维护频率低。Ni和Cr具有相似的分布特征，平均浓度呈现为公园广场（Ni：1.98μg/L；Cr：0.47μg/L）<建筑小区（Ni：2.21μg/L；Cr：0.86μg/L）<堆雪场（Ni：2.37μg/L；Cr：0.92μg/L）<市政道路（Ni：6.78μg/L；Cr：2.11μg/L）的规律，即随下垫面的机动车流量增加而上升。Zn 和 Fe 具有相似的分布特征，在建筑小区（Zn：7.24μg/L；Fe：178.85μg/L）和公园广场（Zn：8.37μg/L；Fe：244.12μg/L）浓度较低，在堆雪场（Zn：14.61μg/L；Fe：336.25μg/L）和道路下垫面（Zn：21.62μg/L；Fe：462.96μg/L）浓度较高。由此判断 Zn 和 Fe，Ni 和 Cr 可能具有相同的来源。雪样中 Cu 的浓度差异较大，变异系数为176.24%，存在的几个高值主要出现在道路下垫面，分别为堆雪场旧堆雪（135.08μg/L）、旧小区道路积雪（148.82μg/L）、市区次干道人行道积雪（166.62μg/L）、市区主干道机动车道积雪（386.06μg/L）、非机动车道积雪（642.28μg/L），在其余采样点含量均小于50μg/L，分析积雪中 Cu 主要来源于交通排放。Pb 在各下垫面雪样中平均浓度污染程度不同。积雪中的重金属浓度整体高于原状雪，原因为差异值较小，为0.19～0.28μg/L，与下垫面没有呈现一定的规律，其最大值为堆雪场的旧堆雪，为0.55μg/L。Cd 在各采样点的浓度差异值较小，其浓度范围为0.03～0.08μg/L，变异系数为29.47%。除 Pb 外，其余重金属浓度的最大值均出现在市区道路下垫面积雪。不同下垫面积雪中重金属浓度值的变异系数处于29.47%～176.24%，不同下垫面的人类活动与交通负荷量差异明显，积雪在冻结期富集来自大气干、湿沉降和人为排放的重金属污染物，这些污染物可能会在融雪期释放、迁移至大气、地表水和地下水环境中，从而对大气、土壤、水体等环境造成一定程度的污染（表16-1）。

乌鲁木齐及其他地区积雪重金属污染特征与《地表水环境质量标准》GB 3838—2002 限值对比（单位：μg/L） 表16-1

重金属	浓度范围	原状雪均值	积雪均值±标准差	变异系数（%）	北京	哈尔滨	芬兰	瑞典
Pb	0.05～0.55	0.16	0.23±0.16	71.63	26.00	28.00	0.14	0.14
Cu	1.01～642.28	2.42	92.55±163.12	176.24	51.60	42.00	15.00	20.70
Cr	0.32～5.23	0.43	1.64±1.25	76.15	—	31.00	0.31	—
Zn	1.68～39.64	2.61	18.47±13.20	71.51	104.00	48.00	12.00	28.60
Cd	0.03～0.08	0.05	0.05±0.01	29.47	5.12	1.00	—	0.01
Fe	65.05～892.87	98.12	408.82±210.30	51.44	—	—	—	—
Ni	0.72～12.93	1.13	5.14±3.73	72.55	—	8.10	0.92	—

16.1.3 雨水综合利用模式优化与成本效益分析研究

通过分析乌鲁木齐市近 20 年降水数据,模型连续模拟用水数据,基于一系列蓄水池容积下经济效益指标结果,评估不同用水情景下城市雨水收集利用系统蓄水池的最优容积,并分析降雨和用水变化对最优容积的影响(图 16-5)。

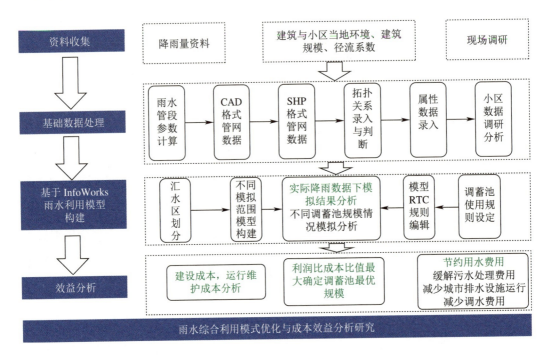

图 16-5 研究技术路线

1. 不同用地规模情景下雨水调蓄池最优规模的模拟结果与分析

以乌鲁木齐市的典型地块为研究对象,将 2004 年降雨数据(3~9 月,降雪融水不进入调蓄池)作为输入降雨条件。结果表明,$1hm^2$、$2hm^2$、$3hm^2$、$4hm^2$、$5hm^2$ 汇水范围下调蓄池规模分别于 $2.5m^3$、$5.0m^3$、$7.6m^3$、$10m^3$、$12.8m^3$ 时利润为最大值;当 $1hm^2$、$2hm^2$、$3hm^2$、$4hm^2$、$5hm^2$ 的汇水范围中调蓄池设施的规模大于 $11m^3$、$23m^3$、$35m^3$、$47m^3$、$59m^3$ 时,经济效益约为 0,规模继续增大经济效益开始变为负值(图 16-6)。

2. 不同布置方式对雨水调蓄池集中利用成本效益影响结果

模拟四种调蓄池布置方式,研究其对雨水调蓄池的成本效益分析。根据模拟结果可知,集中布置调蓄池与分散布置调蓄池的结果差异不大,分散布置情景利润仅比集中布置情景利润高 0.05 万元,雨水收集利用率高 0.2%,径流总量控制率高 0.3%(表 16-2)。

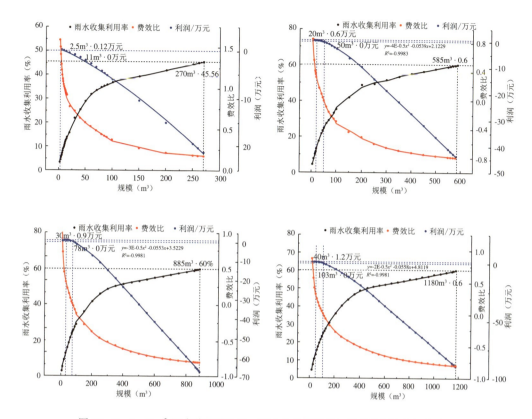

图16-6 1~5hm² 汇水范围费效比、雨水收集利用率与调蓄规模之间的关系

但在乌鲁木齐市实际情况中调蓄池集中布置情况相较于分散布置情况对于调蓄池更方便维护,因此调蓄池的布置方式还需根据实际情况布置(图16-7)。

模拟情景表　　　　　　　　　　　　　表16-2

模拟情景	布置方式	描述	雨水利用量（m³）	雨水收集利用率（%）	利润（万元）	径流总量控制率（%）
5hm² 汇水范围（调蓄池规模125m³）	Ⅰ	1hm² 设置调蓄池：25m³	2410.65	25.30	0.13	65.40
	Ⅱ	2hm² 地块设置调蓄池：45m³	2396.92	25.00	0.05	65.00
		3hm² 地块设置调蓄池：80m³				
	Ⅲ	2hm² 地块设置调蓄池：50m³	2404.84	25.20	0.10	65.20
		3hm² 地块设置调蓄池：75m³				
	Ⅳ	5hm² 设置调蓄池：125m³	2401.86	25.10	0.08	65.10

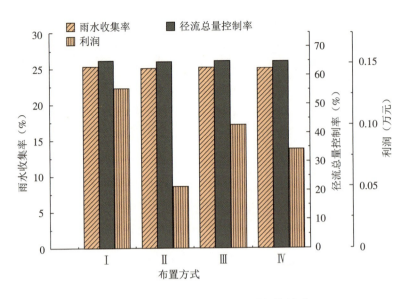

图 16-7 不同调蓄池布置方式模拟结果图

16.1.4 间接和综合利用模式优化与成本效益分析研究

1. 利用模式

对于西北干旱地区的雨水间接和综合利用来说，需要综合考虑其建设情况、下垫面条件、用水需求、技术措施等因素制定雨水利用模式。小区、道路和公园与绿地是涉及雨水利用模式的重要用地类型，根据小区、道路和公园与绿地的实际情况，以及适用的海绵设施，能够组合出多种雨水间接和综合利用模式。结合乌鲁木齐市紫云台的需求和特点，分析四种可能用于西北干旱地区的雨水间接和综合利用模式（图 16-8）。

小区海绵措施之间的连接顺序直接影响雨水径流路径和径流时长，进而导致雨水管理效果存在差异，海绵措施之间的汇流关系可分为并联方式、串联方式，本研究考虑海绵措施的串、并联衔接关系并分别设置了四个模拟场景。

2. 不同利用模式成本效益分析比较

SUSTAIN 模拟结果显示，建成并应用海绵措施情景能有效减少径流总量和峰值流量。相同径流总量控制率情况下相较于间接利用模式按照综合利用模式串联情景布置海绵设施具有最佳成本效益，其中综合利用模式Ⅱ：海绵设施串联模式总投资成本较间接利用模式Ⅱ可减少 15.1%，总投资成本在 136 万元，雨水径流总量控制率达到 90% 时投资成本为 20.6 万元/hm^2（表 16-3、表 16-4）。

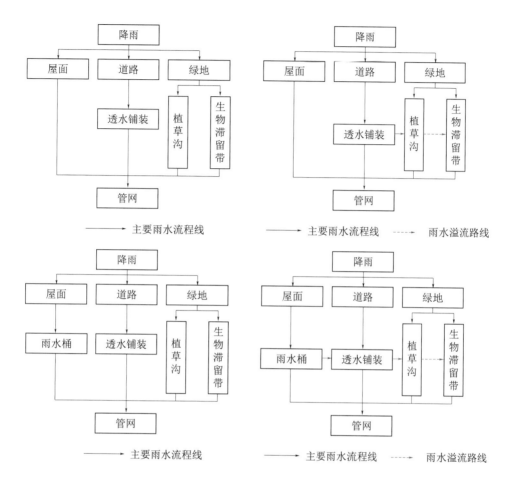

图 16-8 间接和综合利用模式

间接利用模式海绵最优方案 表 16-3

情景	指标	透水铺装	植草沟	生物滞留	总计
并联情景	成本占比	25%	14%	61%	100%
	成本（万元）	46.6	26.1	113.8	186.5
	建设面积（m²）	3108	1151	2512	6771
串联情景	成本占比	29%	16%	55%	100%
	成本（万元）	46.6	25.8	88.7	161.1
	建设面积（m²）	3108	1137	1959	6204

综合利用模式海绵最优方案　　　　　　　　　　　　表16－4

情景	指标	透水铺装	植草沟	生物滞留	雨水桶	总计
并联情景	成本占比	29.5%	17.9%	47.7%	4.9%	100%
	成本（万元）	46.6	28.3	75.4	7.8	158.1
	建设面积（m²）	3108	1245	1664	224	—
串联情景	成本占比	34.3%	12.0%	45.8%	7.9%	100%
	成本（万元）	46.6	16.3	62.3	10.8	136.0
	建设面积（m²）	3108	716	1375	309	—

16.2　碳减排效益评估

16.2.1　碳减排评价方法

城市绿地具有极大的固碳作用，随着理论的成熟和技术的发展，城市绿地固碳水平也越来越高，并逐渐成为维持城市碳排放平衡的主要来源。然而城市绿地并不只是碳库，也会产生一定的碳排放。城市绿地的碳排放主要来源于施工建设和管理养护过程。其中，施工建设过程中的碳排放主要是指在绿地落成初期运送、栽植苗木等产生的机械耗碳，管理养护过程中的二氧化碳排放则主要由日常维护时除草、修剪、喷洒农药、浇水等环节产生（图16－9）。

城市绿地保护与修复作为海绵城市建设的重要内容，是唯一具有直接增汇、间接减排的海绵设施，因此建立城市绿地保护与修复途径碳减排的核算方法对于海绵城市的碳减排以及实现城市的碳中和具有重要意义。碳排放的核算应从材料生产、材料运输、施工建造、日常使用和维护管理五个阶段进行。碳汇主要来自绿色植物固碳、雨水利用以及径流削减。

基于以上碳减排效益核算框架，碳减排效益评价模型主要从碳排放核算模型及碳汇核算模型两部分进行建立。

1. 碳排放核算模型

碳排放主要包含材料生产、材料运输、施工建造、日常使用以及维护管理等阶段。

$$E_{CO_2} = E_m + E_y + E_j + E_s + E_p \tag{16－1}$$

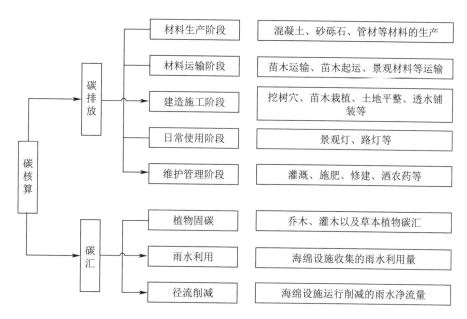

图 16-9　海绵城市建设项目碳减排效益核算框架

其中：E_{CO_2} 为全生命周期的碳排放总量；E_m 代表材料生产过程中的碳排放量；E_y 代表材料运输中的碳排放量；E_j 代表施工建造阶段的碳排放量；E_s 代表日常使用阶段的碳排放量；E_p 代表维护管理阶段的碳排放量。

材料生产的碳排放主要涉及景观建筑材料生产企业的生产、加工和装配的制造流程。材料生产过程中的碳排放公式为：

$$E_m = \sum M_m \times EF_m \qquad (16-2)$$

其中：M_m 表示建材的使用量，EF_m 表示建材的生产碳排放因子。

材料运输阶段碳排放主要源于景观中的各种植物和建筑材料运输过程。

$$E_y = \sum B_y \times EF_y \qquad (16-3)$$

其中：B_y 表示运输机械能源消耗量，L；EF_y 表示能源使用过程中对应的碳排放因子，$kgCO_2/L$。

施工建造阶段主要包括挖树穴、苗木栽植、土地平整等用到的机械设备产生的碳排放。

$$E_j = \sum X_y \times N_j \times EF_j \qquad (16-4)$$

其中：EF_j 表示施工机械设备的碳排放因子，$kgCO_2/L$；X_y 表示使用机械设备的总工作量，台班；N_j 表示机械设备的台班能耗，L/台班。

项目在日常使用过程中的碳排放主要来自照明设备，设备电耗所对应的碳排放量计算公式如下：

$$E_s = \sum X_s \times T_s \times N \times EF_s \qquad (16-5)$$

其中：EF_s 表示设备电耗的碳排放因子，$kgCO_2/(kWh)$；X_s 表示设备的功率，kW；T_s 表示设备的使用时长，h；N 表示设备使用的个数。碳排放因子采用中国区域电网西北地区的碳排放因子来测算照明设备的碳排放量。冬季和夏季照明时间不同，按平均照明时间 10h 计算。

维护管理阶段的碳排放主要来自植物的养护和管理，即日常植物生长过程的修剪、灌溉、土壤施肥和打药等方面产生的能耗。

$$E_s = \sum Q_p \times EF_p \qquad (16-6)$$

其中：EF_p 表示材料的碳排放因子；Q_p 表示材料设备的消耗量。

2. 碳汇核算模型

在城市绿地全生命周期的范畴内，碳汇主要包括绿地碳汇、雨水利用碳汇、径流削减碳汇。

$$C_s = C_{sz} + C_{sy} + C_{sj} \qquad (16-7)$$

其中：C_{sz} 表示绿地植物的直接碳汇；C_{sy} 表示雨水利用产生的间接碳汇；C_{sj} 表示径流削减产生的间接碳汇。

绿地植物的直接碳汇选择同化量法，该方法能够较为准确得出绿地植物碳汇量。在绿植信息缺乏的情况下，采用修正系数进行计算。根据后文典型项目同化量法与碳排放因子的计算结果对比，在计算绿地植物碳汇时，可以根据绿地单位面积固碳量乘以绿地面积，再乘以修正系数。

$$CS_z = \sum (A \times C_p) \times \alpha \qquad (16-8)$$

其中：C_p 表示绿地单位面积固碳量；A 为绿地面积，α 为修正系数。道路绿地修正系数取 4.0，公园绿地修正系数取 0.65。

雨水利用碳汇主要来自海绵设施收集的可利用的用水量所产生的碳汇。

$$C_{sy} = \sum Q_y \times (EF_y - \beta) \qquad (16-9)$$

其中：C_{sy} 是雨水利用产生的碳汇，kg/年；Q_y 为海绵设施雨水资源利用量，m^3/年；EF_y 为自来水的碳排放因子，kg/m^3；β 为海绵设施处理和再分配单位雨水的碳排放因子，kg/m^3。

径流削减碳汇来源于海绵设施在运行期间削减的雨水净流量，从而减少市政管网相应的运行负荷对应的碳排放量。因此计算径流削减碳汇量时，可以先计算出设施削减的径流量，然后再根据强排等量雨水时排水系统排放的温室气体量反推出径流削减的碳汇量。

$$C_{sj} = \sum (M_j \times EF_j) \qquad (16-10)$$

其中：C_{sj} 是径流量削减产生的碳汇，kg/年；M_j 为海绵设施削减的径流量，m³/年；EF_j 为城市雨水管网排放相应雨水所对应的碳排放因子，kg/m³。

16.2.2 典型项目碳减排效益核算

以河马泉新区春华街道路红线内绿化项目为例，核算海绵城市建设碳减排效益。

1. 碳排放核算

材料生产阶段的碳排放：本项目材料生产阶段所涉及的建材主要为混凝土、砂、砾石、石材、管材等。经核算，材料生产阶段碳排放量为807327.43kg。

材料运输阶段的碳排放：本阶段碳排放主要包含景观中的各种植物和建筑材料运输过程的碳排放。河马泉新区道路红线内绿化建设项目中所用的植物平均运输距离为80km，在苗木运输中，运输树木的卡车百公里油耗设定为40L，运输灌木的卡车百公里油耗设定为34L。同时，在大乔木的装车和卸车过程中，乔木胸径在10cm左右，需要使用汽车式起重机，平均油耗为23L/h，根据工程量清单中植物的数量，进行计算汇总，碳排放因子为2.73kgCO₂/L，碳排放量为47727.68kg；项目建设中主要涉及滴灌管、石材、砂、砾石、混凝土、种植土的运输，运送卡车的百公里油耗按照34L计算，滴灌管运输距离为80km，种植土运输距离为8km，其余运输距离按50km计，碳排放因子为2.73kgCO₂/L，碳排放量为78630.92kg。

施工过程碳排放：本项目施工过程中产生的碳排放主要由所使用的机械设备产生，用到的机械设备主要为挖掘机、推土机、起重机和振动碾。机械施工中产生的碳排放量为99453.90kg。

日常使用阶段的碳排放：本项目在日常使用过程中的碳排放主要来自照明设备，采用中国区域电网西北地区的碳排放因子来测算照明设备的碳排放量，取0.6671kgCO₂/kW。冬季和夏季照明时间不同，按平均照明时间10h计算，则春华街在日常使用过程中产生的年碳排放量为175679.12kg。

维护管理阶段的碳排放：维护管理阶段的碳排放主要来自绿地的养护和管理，如植物的修剪、灌溉、施肥和杀虫等方面，机械修剪碳排放因子为 0.89kgCO_2/kW，灌溉用水碳排放因子为 0.168kgCO_2/L，施肥碳排放因子为 260.28kgCO_2/t，杀虫剂碳排放因子为 7.73kgCO_2/L。根据实际调查植物维护管理中消耗的能源量进行核算，碳排放量为5909.00kg。

根据全生命周期法得到各个阶段的总碳排放量为1214728.05kg。

2. 碳汇核算

碳汇主要由植物碳汇、雨水利用碳汇以及径流削减碳汇组成。根据国内外学者对于植物的同化量研究结果，可以总结得到绿地项目所需的植物的单位叶面积固碳速率（表16-5、表16-6）。

植物单位叶面积固碳速率统计表　　　　　　　　　　表16-5

植物名称	固碳速率 g/(m^2·d)	植物名称	固碳速率 g/(m^2·d)	植物名称	固碳速率 g/(m^2·d)
大叶白蜡	20.03	长枝榆	11.03	绚丽海棠	10.71
中接白榆球	25.44	小叶白蜡	16.61	紫叶稠李	11.73
密枝红叶李	3.24	疣枝桦	11.03	红瑞木	5.34
紫穗槐	17.34	黄金树	9.85	忍冬	33.49
樟子松	4.20	复叶槭	19.46	锦鸡儿	2.72
青海云杉	6.96	茶条槭	19.46	紫穗槐	17.34
红榆	39.12	山杏	8.41	四季玫瑰	15.81
大叶榆	9.44	紫枝玫瑰	15.81	丛生火炬	9.49
山桃	13.00	东北连翘	6.53	蓝叶忍冬球	7.65
直立苹果	17.18	金叶榆	14.81	香茶藨子球	23.22
沙枣	9.06	夏橡	11.03	南紫丁香球	4.96
红叶海棠	9.07	皂角	29.90	四季丁香	4.96
丝棉木	11.03	梓树	32.03	水蜡篱	9.82
暴马丁香	46.15	重瓣榆叶梅	26.36	红宝石萱草	7.69
冬红海棠	10.46	紫丁香球	4.96	黄菖蒲	18.47

续表

植物名称	固碳速率 g/(m²·d)	植物名称	固碳速率 g/(m²·d)	植物名称	固碳速率 g/(m²·d)
德国鸢尾	13.43	福禄考	10.26	松果菊	7.77
天人菊	7.77	波斯菊	7.77	金鸡菊	7.77
芍药	9.62	野花组合	9.96	假龙头	10.26
八宝景天	12.64	百脉根	10.26		

河马泉新区春华街道路红线内绿化项目碳减排效益核算结果（单位：kg）　　表16-6

碳排放量	材料生产阶段		807327.43
	材料运输阶段	植物运输	47727.68
		建筑材料运输	78630.92
	施工过程		99453.90
	日常使用阶段		175679.12
	维护管理阶段		5909.00
	合计		1214728.05
碳汇量	植物碳汇		2235037.82
	雨水利用碳汇		3353.59
	径流削减碳汇		262.35
	合计		2238653.76
碳减排效益			1023925.71

春华街项目选取的植物主要有大叶白蜡、白榆球、重瓣榆叶梅、密枝红叶李、紫穗槐，根据同化量植物碳汇计算公式，得到碳汇量为2235037.82kg。

雨水利用的碳排放主要由两部分组成，一部分为雨水处理和再分配的碳排放；另一部分为雨水回用所抵消的碳排放，其碳汇量等于雨水回用抵消的碳排放量减去雨水处理和再分配的碳排放量。本研究雨水利用量为3768.08m³，供应自来水的碳排放因子为1.07kg/m³，处理和再分配单位雨水的碳排放因子为0.18kg/m³，经核算，碳汇量为3353.59kg/年。

根据项目区总面积为50551m²,年径流总量控制率为90%,得到径流削减量为7716m³,海绵城市建设以后下游雨水泵站强排流量减少,水泵扬程取10m,水泵效率为80%,则单位运行能耗为0.034kWh/m³,计算得到径流削减碳汇量为262.35kg。

综上,河马泉新区春华街道路红线内绿化项目年碳排放量为1214728.05kg,年碳汇量为2238653.76kg,碳减排效益为1023925.71kg。

伍

成效与经验

第 17 章

成　效

针对水资源、水安全和水生态现状问题，乌鲁木齐市实施重点建设项目80项，通过4项措施统筹推进海绵城市建设：一是多措并举解决雨污冒溢积水问题。统筹推进海绵型建筑小区、市政道路与排水管网系统建设，采用"源头减排+过程控制"的技术措施保障排水系统安全稳定运行。二是强化非常规水资源利用。实施七道湾供水厂改建和扩建、再生水管网建设、河湖水系联通工程，将再生水广泛应用于河道补水、绿地浇洒。三是实施区域性河流廊道生态修复。实施和平渠、水磨河两条重要区域性河流生态廊道修复，恢复河道自然生态岸线，改善城市水生态环境。四是建立健全体制机制。基本建立规划引领、法律规范、技术支撑、政策保障的海绵城市建设长效机制。

通过3年示范建设，城市建成区可渗透地面面积比例由37.4%提升至44.3%；再生水利用率由36.8%提升至45.4%；天然水域面积比例由1.8%提升至1.9%；雨、雪水资源利用总量超过300万 m^3/年；全面消除城市黑臭水体，地表水体水质达标率达到100%；完成海绵城市建设立法工作，实施海绵城市专项规划，出台7项地方标准，海绵城市建设理念得到全面落实，人居环境显著改善，群众满意度持续提升。

17.1 城市水生态环境显著提升

在水环境治理方面，通过实施和平渠、水磨河区域性生态廊道修复工程，治理河道总长度达47.7km，恢复了河道自然生态岸线，改善了城市水生态环境。根据最新监测数据，水磨河七纺桥国控断面水质由2020年的Ⅲ~Ⅳ类提升至现状的Ⅰ~Ⅱ类，联丰桥、米泉桥两处省控断面水质由2022年的Ⅲ~Ⅴ类提升至现状的Ⅱ~Ⅲ类。改造后的水磨河成为周边居民的重要活动场所，极大提高居民的幸福感、获得感（表17-1、图17-1）。

2020年~2023年水磨河断面监测数据　　　　表17-1

断面	控制级别	监测年度	监测季度	水质类别	主要污染物
七纺桥	国控	2020年	第一季度	Ⅲ类	—
			第二季度	Ⅲ类	—
			第三季度	Ⅲ类	—
			第四季度	Ⅱ类	—
		2021年	第一季度	Ⅱ类	—
			第二季度	Ⅱ类	—
			第三季度	Ⅱ类	—
			第四季度	Ⅱ类	—

续表

断面	控制级别	监测年度	监测季度	水质类别	主要污染物
七纺桥	国控	2022年	第一季度	Ⅱ类	—
			第二季度	Ⅱ类	—
			第三季度	Ⅱ类	—
			第四季度	Ⅲ类	—
		2023年	第一季度	Ⅰ类	—
			第二季度	Ⅰ类	—
			第三季度	Ⅰ类	—
			第四季度	Ⅱ类	—
联丰桥	省控	2020年	第一季度	Ⅲ类	—
			第二季度	Ⅳ类	COD
			第三季度	Ⅳ类	COD_{Cr}
			第四季度	Ⅳ类	COD_{Cr}
		2021年	第一季度	Ⅱ类	—
			第二季度	Ⅱ类	—
			第三季度	Ⅰ类	—
			第四季度	Ⅱ类	—
		2022年	第一季度	Ⅱ类	—
			第二季度	Ⅰ类	—
			第三季度	Ⅱ类	—
			第四季度	Ⅰ类	—
		2023年	第一季度	Ⅱ类	—
			第二季度	Ⅱ类	—
			第三季度	Ⅱ类	—
			第四季度	Ⅰ类	—
米泉桥	省控	2020年	第一季度	—	—
			第二季度	Ⅳ类	BOD_5、NH_3-N、COD_{Cr}
			第三季度	Ⅴ类	COD_{Cr}、BOD_5
			第四季度	Ⅳ类	COD_{Cr}、BOD_5
		2021年	第一季度	Ⅲ类	—
			第二季度	Ⅱ类	—
			第三季度	Ⅲ类	—
			第四季度	Ⅱ类	—
		2022年	第一季度	Ⅱ类	—
			第二季度	Ⅲ类	—
			第三季度	Ⅱ类	—
			第四季度	Ⅲ类	—

续表

断面	控制级别	监测年度	监测季度	水质类别	主要污染物
米泉桥	省控	2023年	第一季度	—	—
			第二季度	Ⅲ类	—
			第三季度	Ⅱ类	—
			第四季度	Ⅱ类	—

图 17-1　水磨河改造前后对比照片

图 17-1 水磨河改造前后对比照片（续）

17.2 非常规水资源利用效率显著提升

1. 再生水利用率显著提升

作为严重缺水城市，乌鲁木齐市大力推进再生水利用厂站、管网建设，现有再生水厂14座，总设计能力为 99.2 万 m^3/d；实施"乌鲁木齐市再生水扬水工程"。工程设计输水能力 16 万 m^3/d，以城北再生水厂出水为水源，通过四级泵站提升在长为 29.6km 管线进行输水，将再生水由北向南输送到南郊天山区十七户湿地，向沿线天山区、水磨沟区部分区域绿化提供再生水。同时，再生水扬水工程自十七户湿地沿和平渠建设了 18km 再生水伴渠管线，将再生水由南向北，为和平渠沿线公园、河滩路绿地提供景观绿化用水。再生水扬水工程形成了一个再生水"循环链"，全年可实现再生水利用量达 3200 万 m^3。为充分发挥再生水扬水工程效益，提升 6 个中心城区再生水利用能力，示范期内建设 10 个再生水利用管网工程，建设配套二、三级管线（156.28km），管网覆盖区域包括米东区黑沟片区、米东大道，高新区临空区机场片区，经开区万盛大街，水磨沟区河马泉片区等，对完善中心城区再生水管网发挥了重要作用。截至2023年再生水管网长度达683km，建成再生水调蓄工程总容积达389万 m^3，全市再生水利用率由2021年的36.8%提升至45.4%（图17-2）。

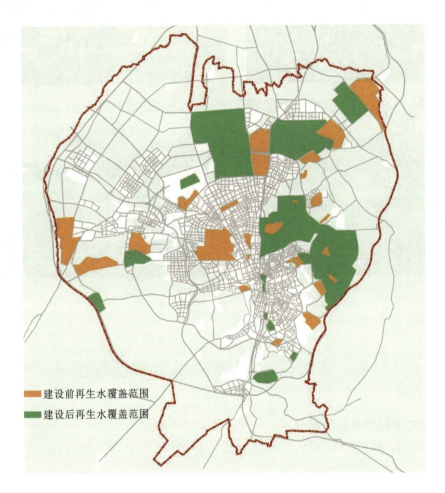

图17-2 示范城市建设前后中心城区再生水管网覆盖范围对比

体制机制方面，为进一步加强对乌鲁木齐市水资源管理工作的组织领导，不断提高水资源高效配置和合理利用水平，2023年7月24日印发了《中共乌鲁木齐市委员会关于成立水资源管理委员会的通知》，成立乌鲁木齐市水资源管理委员会，加强了市委对水务工作的领导，标志着乌鲁木齐市水务事业发展进入新阶段。在国家和新疆维吾尔自治区住房和城乡建设厅、发展和改革委员会等部门的大力支持和帮助下，乌鲁木齐市建设节水型城市工作得到快速推进，先后获得国家节水型城市、典型地区再生水利用配置试点城市、区域再生水循环利用试点城市等多项荣誉。

2. 地下水位下降趋势得到控制

根据 2018 年新疆维吾尔自治区水利厅编制的《新疆地下水超采区划定报告》，乌鲁木齐市为浅层地下水中型严重超采区。造成地下水位下降的主要原因：一是城市供水过度依赖乌鲁木齐河地表水和地下水，在优先保障城市供水安全的前提下，难以兼顾农业、生态等方面的用水；二是外调水利用严重不足，新疆维吾尔自治区为乌鲁木齐市配置 4.05 亿 m^3/年的外调水，在 2021 年仅使用了 0.75 亿 m^3，占配置指标的 18.5%，而为保障城市供水，2021 年共开采地下水 1.2 亿 m^3，占供水量的 35.3%；三是农业用水量占比大，乌鲁木齐市作为省会城市，主要以发展城市经济和旅游经济为主，但近年来地下水用于农业灌溉水量占全市地下水年用水量的 48%，产出效益只占全市国民生产总值的 0.9%。

为缓解地下水逐年下降趋势，乌鲁木齐市通过加强"井电双控"管理，严格执行建设项目水资源论证制度和取水许可制度，严格执行水资源有偿使用制度，严格落实年度供、用水计划和"三条红线"控制指标，实行区域地下水取水总量和地下水位"双控"制度。《乌鲁木齐市水资源综合利用"十四五"规划中期评估报告》中 2025 年规划目标"全面提高水资源利用效率"中要求：实施全市节水行动，建设水资源刚性约束制度，全市用水总量稳步实现控制在 13.81 亿 m^3（含兵团 1.14 亿 m^3）以内，地下水用水量控制在 4.27 亿 m^3（含兵团 0.24 亿 m^3）以内，再生水利用量不小于 1.57 亿 m^3，万元国内生产总值用水量和万元工业增加值用水量处于全新疆先进水平，在不增加用水总量的前提下，生活、工业和生态用水比重不断提高，农业用水比重明显下降，农田灌溉水有效利用系数提高到 0.70，农业灌溉用水按照颁布的地方标准《农业灌溉用水定额》DB 65/T 3611—2014 执行；完善节水标准定额体系，推进节水型社会全面建成。在"十四五"时期建设后期，乌鲁木齐市规划通过贯彻"节水优先、空间均衡、系统治理、两手发力"的治水思路和"四水四定"原则，按照扎实推进节水蓄水调水增水工作要求，科学精准利用本地水、优化再生水、严控地下水、统筹用好外调水。通过加大外调水、再生水利用，进一步优化水资源配置，形成科学精准利用本地水、优化再生水、严控地下水、统筹用好外调水，形成"多源互补，丰枯调剂，区域互济"的水资源配置格局。统筹生产、生活、生态用水，遏制地下水水位下降态势，逐步恢复生态水量，有效改善柴窝堡湖区域生态环境，逐步形成水资源全面节约、优化配置、有效保护和科学管理格局，以优质水资源、健康水生态和宜居水环境支撑乌鲁木齐市经济社会高质量发展。通过精准调配和总量控制，地下水水位下降加剧势头得到控制（图 17-3）。

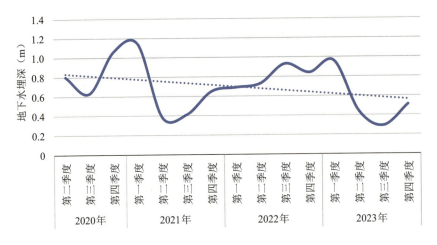

图17-3　乌鲁木齐市地下水埋深变化趋势

17.3　人居环境显著改善

1. 雨污冒溢现象得到有效缓解

乌鲁木齐市地势起伏，道路坡度较大，加上排水管网建设标准较低、庭院雨污分流不彻底等因素，导致降雨时容易发生合流管井冒溢现象，严重影响居民出行安全和城市环境，是居民生活中典型的"操心事、烦心事"。乌鲁木齐市主要领导多次作出批示，要求彻底解决雨污冒溢问题。市领导小组将雨污冒溢治理纳入海绵城市重点建设项目，针对排查出的27处冒溢点制定一点一策改造方案，通过"源头减排+管网改造"的技术措施进行系统治理。以城市交通要道阿勒泰路冒溢点治理为例，通过对周边汇芙园、金泰等3个建筑小区实施海绵化改造，对阿勒泰路西三巷、红庙子东三巷等3条市政道路实施海绵化改造，从源头削减汇入排水管网中的雨水径流，缓解了市政管网的排水压力；通过雨水管道改线疏导、转角井改造，分流来水，改善了水动力条件。经监测分析，通过实施源头减排治理措施，汇入阿勒泰路主干管网的雨水削减约30%。实际监测结果显示，阿勒泰路与苏州路交汇桥下冒溢点在2023年8月14日至9月15日期间的4场降雨中均发生较为严重的冒溢现象（降雨量为3.3～8.0mm）。治理完成后，在2023年9月24日（降雨量为11.2mm，2年一遇）、2023年10月15日的降雨事件中（降雨量为4.8mm）未发生冒溢现象，治理成效明显（图17-4、图17-5）。

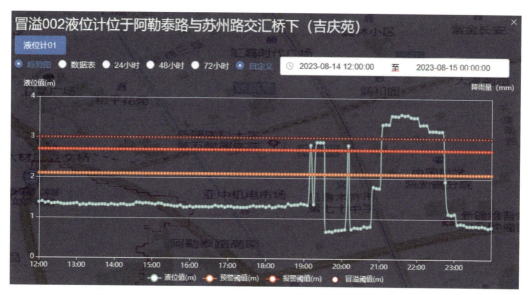

图 17-4　阿勒泰路冒溢点改造前液位曲线（8 月 24 日，降雨量为 8mm）

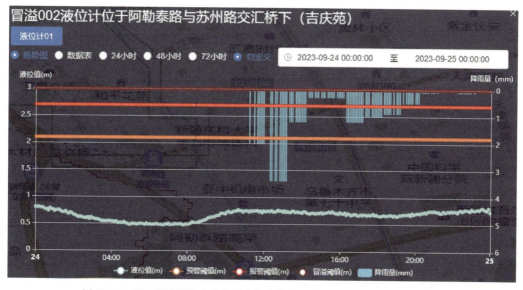

图 17-5　阿勒泰路冒溢点改造后液位曲线（9 月 24 日，降雨量为 11.2mm）

2. 老旧小区环境显著改善

乌鲁木齐市老旧小区改造的过程中统筹推进节水社区建设和海绵化改造，提出"老旧小区+节水+海绵"的模式。结合特殊的地理气候（冻融期）及生态条件，以"渗先蓄后、净滞结合、多用少排"为指引，进行海绵化改造。通过对老旧小区改造过程中涉及的道路系统、绿地系统及排水管网系统进行低影响开发设施合理布置，实现雨、雪水的"零排放"，在源头上补充水资源。在改造措施上，结合民生需求，实施了透水停车位、人行步道改造，以及景观绿化提升等配套工程，显著提升了居住品质和环境（图17-6～图17-8）。

图17-6 米东区财报公司小区改造后实景

图17-7 天山区好景花苑小区透水停车位

图 17-8　天山区幸福花园透水步道

第 18 章

经　验

18.1 高位推进，构建整体联动的组织工作体系

乌鲁木齐市人民政府高度重视海绵城市建设工作，成立市、区两级海绵城市领导机构，打破部门壁垒，协同推进全市海绵城市建设。市级领导小组以市人民政府主要领导为组长、分管领导为副组长、各部门负责人为成员，并根据工作需要不断对领导小组进行调整和完善。领导小组下设办公室，由专职人员负责政策起草、方案编制等工作，及时上报全市海绵城市建设中存在的问题；区（县）成立专班，负责辖区内海绵城市建设工作，市区两级形成合力、齐抓共管。示范城市建设期间，领导小组先后召开32次工作例会和专题会议，解决重点、难点问题50余项。

18.2 因地制宜，结合本地条件明确建设重点

乌鲁木齐市气候干燥少雨，年均降雨量仅307mm，人均水资源量约320m^3，不足全国的七分之一，是典型的干旱缺水型城市。城市排水系统以雨污合流为主，由于地势起伏，道路坡度较大，加上管网建设年代较久，降雨时存在雨污冒溢问题，严重影响居民出行安全。城区仅有1条常有水河流，但仍存在周边建筑侵占河道、污水管网私搭乱接问题，严重影响水生态环境。

针对水资源、水安全和水生态现状问题，乌鲁木齐市实施重点建设项目80项，通过3项措施统筹推进海绵城市建设：一是多措并举解决雨污冒溢积水问题。统筹推进海绵型建筑小区、市政道路与排水管网系统建设，采用"源头减排+过程控制"的技术措施保障排水系统安全稳定运行（图18-1）。二是强化非常规水资源利用。实施七道湾再生水厂改建扩建、再生水管网建设、河湖水系联通工程，将再生水广泛应用于河道补水、绿地浇洒。三是实施区域性河流廊道生态修复。实施和平渠、水磨河两条重要区域性河流生态廊道修复，恢复河道自然生态岸线，改善城市水生态环境。

1. 以雨、雪水导致的城市问题为重点

乌鲁木齐市地势起伏，道路坡度较大，加上排水管网建设标准较低、庭院雨污分流不彻底等因素，导致降雨时容易发生合流管井冒溢现象，严重影响居民出行安全和城市环境，是居民生活中典型的"操心事、烦心事"。乌鲁木齐市主要领导多次批示，

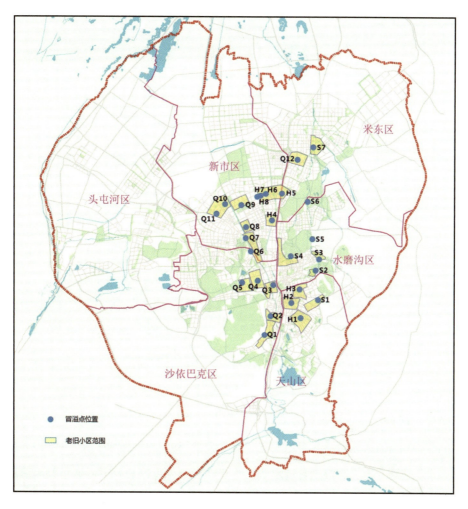

图 18-1 冒溢点汇水范围（老旧小区海绵化改造范围）

要求彻底解决雨污冒溢问题。市领导小组将雨污冒溢治理纳入海绵城市重点建设项目，针对排查出的 27 处冒溢点制定一点一策改造方案，通过"源头减排+管网改造"的技术措施进行系统治理。以城市交通要道阿勒泰路冒溢点治理为例，通过实施周边汇芙园、金泰等 3 个建筑小区海绵化改造，阿勒泰路西三巷、红庙子东三巷等 3 条市政道路海绵化改造，从源头削减汇入排水管网中的雨水径流，缓解市政管网的排水压力；通过雨水管道改线疏导、转角井改造，分流来水，改善水动力条件。经监测分析，通过实施源头减排治理措施，汇入阿勒泰路主干管网的雨水总量削减约 30%（图 18-2）。

2. 提升非常规水资源利用效率

为缓解水资源不足这一制约城市发展的主要矛盾，乌鲁木齐市坚持以水立城、以水兴

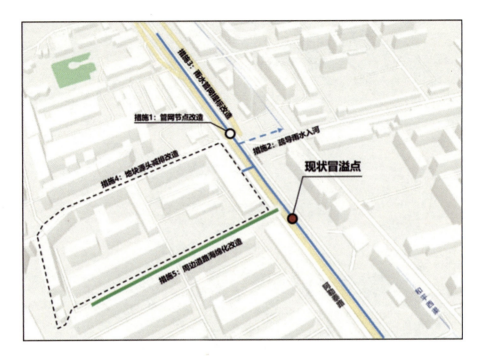

图 18-2　阿勒泰路冒溢点综合治理措施示意图

城、以水润城，利用再生水和雨洪资源，构建"再生水厂—湿地净化—沿线用户"的再生水利用系统（图 18-3），满足绿化灌溉用水需求。十七户湿地是"源头"与"用户"之间重要的非常规水资源调蓄净化枢纽工程，通过长 29.8km 的再生水干管、4 级提升泵站与下游再生水厂连通。十七户湿地日进水量 2.5 万 m^3，经深度净化处理后通过配水管线输送至和平渠、大寨闸公园、水上乐园、南公园、河滩快速路等，作为绿化灌溉用水，每年可置换洁净水资源约 400 万 m^3。湿地景观打造与原有地形地貌相结合，充分利用天然坑塘洼地作为再生水和周边雨、雪水的调蓄空间，降低周边区域洪涝风险。十七户湿地现已成为城区绿化灌溉用水的重要节点，同时也为周边居民提供了休闲活动空间。

雨雪资源利用方面，以"分散利用为主、集中利用为辅"的思路探索雪资源的利用模式。通过分析近 20 年降雪数据，平均年降雪总量约 139mm，中心城区年降雪总量约 7300 万 m^3。将建成区按照屋面、小区院落内部道路、市政道路、可渗透下垫面四类划分，各类下垫面面积占比分别为 36.9%、21.5%、21.22% 和 20.3%。

针对不同的下垫面类型，分别采取雨雪资源利用措施（图 18-4）：1）屋面积雪。通过雨落管断接，将屋面融雪径流导入建筑小区内部绿地，用于绿化浇灌，回补地下水。2）小区内部道路积雪。在老旧小区改造过程中，通过设置线型排水沟，合理组织融雪径流。

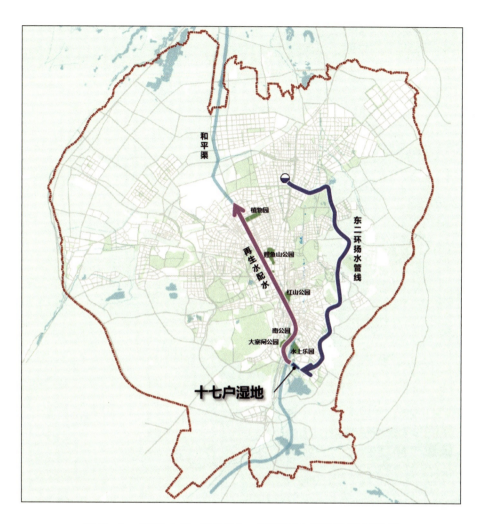

图 18-3 "再生水厂—湿地净化—沿线用户"再生水利用系统图

同时,在绿地改造过程中,通过设置下沉式绿地,提高绿地对雨雪的调蓄能力,利用分散式绿色基础设施,提高雨雪资源利用效率。3) 市政道路积雪。乌鲁木齐市现有较为完善的路面积雪清运体系,通过合理规划堆雪点,将堆雪与塌陷区治理相结合,用于地下水回补。

3. 加强区域性生态廊道保护修复

西北地区城市水系较少,因此对重要的区域性生态廊道进行修复是海绵城市建设的重要内容之一。水磨河是乌鲁木齐市的重要区域性生态廊道,也是城区内唯一常年有水的河流。随着城市快速发展,水磨河沿线建筑挤占河道空间,导致城市水生态环境恶化,对融雪性山洪的应对能力大大降低。水磨河治理措施强调安全、生态与文化并重,治理河道总

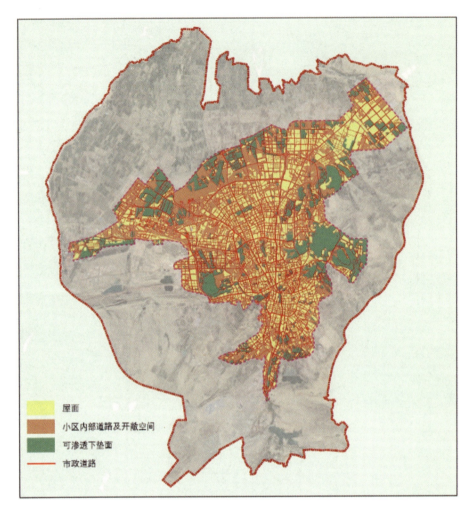

图18-4 建成区下垫面类型

长度达19.9km,还原河流自然化的空间形态（图18-5），达到200年一遇防洪标准；实施沿线污水管线迁改和私排、乱排治理，消除污水直排，水磨河流域三个断面水质由Ⅳ类提升至Ⅲ类及以上标准；深入挖掘水磨河的历史文化资源，将传统文化与现代景观相结合，打造城市名片。

在水系河道生态修复时，在满足河道防洪要求的前提下，充分利用再生水作为生态补水，降低常水位，缩小过水断面，用绿植弥补水量的不足，"以绿代蓝、以绿覆蓝"，针对不同区段特点选择不同的断面形式，打造城中河流生态廊道（图18-6）。

4. 打造集中示范片区

将新区建设与海绵城市建设相结合，打造河马泉新区8km²示范片区，针对非常规

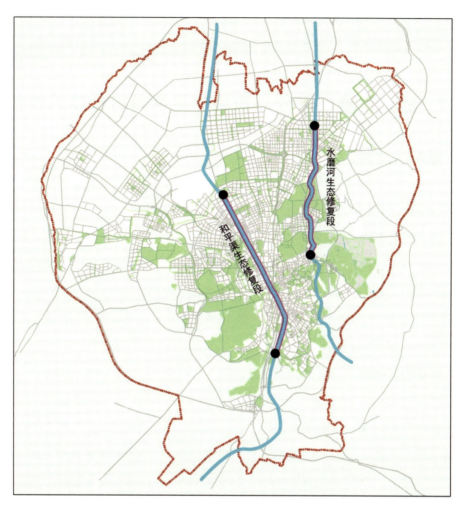

图 18-5　乌鲁木齐市河流廊道生态修复区段

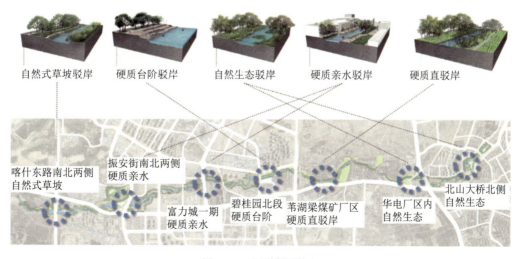

图 18-6　河道断面特点

水资源利用、城市水安全保障等目标，重点实施7个建筑小区、16条市政道路、2个公园绿地、1个综合管廊项目，形成连片示范效应，集中展示乌鲁木齐市的海绵城市建设理念。

18.3 建设管理相结合，构建扎实全面的长效工作机制

1. 强化立法引领

2023年3月，新疆维吾尔自治区第十四届人民代表大会常务委员会第一次会议正式批准《乌鲁木齐市海绵城市建设管理条例》（以下简称《条例》），自5月1日起正式实施。《条例》是新疆维吾尔自治区首部海绵城市相关法规，其印发实施标志着乌鲁木齐市的海绵城市建设正式迈入法治化进程。《条例》明确市人民政府为海绵城市建设的责任主体，并在规划、设计、施工、运维等环节提出落实海绵城市建设的具体要求。《条例》充分结合本地特点，提出了"加强融雪径流的控制、雪资源利用"等特色内容，要求建设项目的设计方案和施工图设计文件应当包含雨、雪水径流控制和综合利用等专项内容。

2. 注重规划先行

印发实施海绵城市专项规划、技术导则。印发实施《乌鲁木齐市海绵城市专项规划（2022—2035年）》，将"非常规水资源利用效率提升、冒溢点全面消除"纳入近期规划目标；印发实施《乌鲁木齐市规划技术导则》，明确专项规划、实施方案的编制要点以及与上位规划的衔接要求，提出各类海绵城市建设项目的设计要求，为本地规划设计单位提供指引。

3. 建立全流程管控体制机制

出台《乌鲁木齐市人民政府关于稳步推进海绵城市建设的指导意见（试行）》《乌鲁木齐市海绵城市项目建设管理实施细则》等12项政策文件，构建海绵城市建设全流程管控体系。在用地规划、供应环节，依据控制性详细规划和专项规划，在"一书两证"中提出年径流总量控制率的具体指标要求；在项目设计环节，要求设计单位在图纸上明确海绵设施规模和布局，并纳入施工图审查范围；在竣工验收环节，海绵设施与主体工程同步验收，不增加环节；在运维阶段，明确设施运维主体，依据《乌鲁木齐市海绵城市建设运行维护规程》对设施进行日常维护，确保设施长效运行。

4. 完善地方标准体系

印发实施《乌鲁木齐市海绵城市建设设计导则》《乌鲁木齐市海绵城市建设标准图集》《乌鲁木齐市海绵城市建设植物选择技术导则》《乌鲁木齐市海绵城市建设施工与验收规

程》《乌鲁木齐市海绵城市建设生物滞留设施技术指南》《乌鲁木齐市海绵城市建设透水铺装技术指南》《乌鲁木齐市海绵城市建设运行维护规程》7项地方标准、技术导则。系列地方标准涵盖了海绵城市的规划、设计、建设、运维、监督管理等各方面内容，让全流程工作推进有据可依。

5. 加强日常监管

印发实施《乌鲁木齐市海绵城市建设绩效考核办法》，建立"日常通报+年底考核"的管理机制。每个项目均安排专人跟进，建立督查周报制度，及时反馈存在问题；每年年底对各单位开展年度考核，最终结果形成绩效考核专报向市人民政府报告，由市人民政府下发至各区（县）、部门，督促各区（县）、部门整改存在的问题，推进海绵城市建设工作。

6. 加强宣贯培训

市海绵办组织系列培训会，邀请行业专家对各部门专职工作人员、项目设计、施工单位人员进行培训，深入学习海绵城市建设理念、政策要求和先进经验。乌鲁木齐市海绵城市系列培训会共分4个主题，分别为政策解读及方案审查、项目管理、验收运维及效果评估、地方标准及专项规划。示范期内累计召开培训会议9次，深入解读住房城乡建设部"海绵二十条"等政策要求，以及地方性法规、标准规范相关内容；市海绵办还组织相关人员到庆阳、昆山、杭州、无锡等多个城市进行现场考察，学习其他城市先进经验。通过系列培训和现场考察，有效提高本地从业人员的项目管理能力与设计施工水平（图18-7）。

图18-7　西部缺水地区海绵城市创新技术、建设模式与长效机制培训会

7. 开展专题研究

为深入研究"绿洲海绵"建设模式,发掘示范意义,乌鲁木齐市开展 5 项特色专题研究,探索经济可行的雨雪资源利用模式、研发新型材料、研究海绵城市建设对城市微气候的影响,进一步提升西北干旱地区城市的海绵示范影响力,探索海绵城市建设的"乌市模式"。目前,各项研究已申请专利 8 项,发表论文 10 篇。

参考文献

[1] 莫罹,龚道孝,高均海,等.城市水系统从理念、方法到规划实践[J].给水排水,2021,57(1):77-83.

[2] 刘广奇,李宗浩,周飞祥,等.雨水回用系统和雨水回用方法:CN202310716451.4[P].2023-08-08.

[3] 李昂臻,龚道孝,王丽红,等.关于我国城市节水激励政策的思考[J].给水排水,2021,57(1):28-32.

[4] 周飞祥.基于海绵城市建设的雨污分流改造模式研究——以鹤壁市为例[J].给水排水,2018,54(12):25-30.

[5] 程小文,凌云飞,李丹,等.InfoWorks ICM模型在合流制溢流调蓄池设计中的应用研究[J].给水排水,2019,55(S1):64-67.

[6] 贾绍凤,周长青,燕华云,等.西北地区水资源可利用量与承载能力估算[J].水科学进展,2004,(6):801-807.

[7] 周飞祥,徐秋阳.既有市政道路海绵城市改造案例中若干关键问题探讨[J].中国给水排水,2022,38(12):100-106.

[8] 徐秋阳,周飞祥,马帅,等.基于国家海绵试点建设实践经验的项目规划指标优化——以鹤壁市为例[J].建设科技,2022,(21):30-33.

[9] 胡小凤,袁芳,石鹏远,等.福鼎市污水系统问题识别及提质增效策略[J].中国给水排水,2022,38(12):61-67.

[10] 王天泽,王远航,马帅,等.基于MIKE FLOOD耦合模型的洪水淹没风险分析:以北京市某科学城为例[J].水利水电技术(中英文),2022,53(7):1-17.

[11] 任梅芳,宋利祥,庞博,等.基于物理机制的城市汇水单元降雨径流特性研究[J].水利水电技术(中英文),2023,54(9):37-47.

[12] 李俊奇,戚海军,宫永伟,等.降雨特征和下垫面特征对径流污染的影响分析[J].环境科学与技术,2015,38(9):47-52,59.

[13] 王镜然,帕丽达·牙合甫.降雪和积雪中重金属的污染状况与来源解析——以乌鲁木齐市2017年初数据为例[J].环境保护科学,2020,46(1):147-154.

[14] 胡雅,张瑞庆.海绵型保水材料对土壤水力特性的影响[J].农业与技术,2022,42(5):55-57.

[15] 赵守航,冯潇,白桦琳,等.历史景观视角下内源径流型海绵绿地设计探索——以北京南苑饮鹿池公园为例[J].中国园林,2023,39(1):111-117.

[16] 陈静，方路行，朱程伟. 西北半干旱地区山地公园海绵城市建设实践——以西宁市植物园为例[J]. 中国园林，2022，38（S1）：86-90.

[17] 陈菊香，孟诗，孙亮，等. 海绵城市绿地系统碳减排效益分析——以乌鲁木齐市3种典型绿地系统为例[J]. 环境工程学报，2024，18（5）：1461-1472.

[18] 陈菊香，王楷，韩云浩，等. 乌鲁木齐海绵城市建设的碳减排途径探索[J]. 智能城市，2023，9（6）：57-59.